热量表计量检定技术和程序实施指南

金志军　谷祖康　主编

中国质检出版社
中国标准出版社
北　京

图书在版编目（CIP）数据

热量表计量检定技术和程序实施指南/金志军，谷祖康主编．—北京：中国质检出版社，2015.5
（2015.10 重印）

ISBN 978-7-5026-4134-4

Ⅰ．①热…　Ⅱ．①金…②谷…　Ⅲ．①热工仪表—指南　Ⅳ．①TH81 - 62

中国版本图书馆 CIP 数据核字（2015）第 082608 号

内 容 提 要

本书详细介绍了热量表和热量计量的有关概念，热量表的工作原理和结构、计量检定技术及型式评价要求、耐久性试验方法、配对温度传感器的型式和要求、通讯协议以及热量表选用、安装和维护中应当注意的问题，同时对 JJF 1434—2013《热量表（热能表）制造计量器具许可考核必备条件》进行了详细解读。

本书是热量表计量检定、热量表生产制造和供热计量科研人员、工作人员的重要参考资料，对相关技术人员、检定人员及广大热计量及相关行业有关人员均有较大参考价值。

中国质检出版社
中国标准出版社　出版发行

北京市朝阳区和平里西街甲 2 号（100029）
北京市西城区三里河北街 16 号（100045）
网址：www.spc.net.cn
总编室：(010)68533533　发行中心：(010)51780238
读者服务部：(010)68523946
中国标准出版社秦皇岛印刷厂印刷
各地新华书店经销

*

开本 880×1230　1/16　印张 11　字数 272 千字
2015 年 5 月第一版　2015 年 10 月第二次印刷

*

定价 **60.00** 元

编　委　会

前　言

供热计量是涉及国计民生、贸易结算、供热改革、节能降耗等事关国家发展诸领域的基础和关键技术。我国地域辽阔，各个地方有不同的发展特点和自身优势，合理利用能源，进行热能的准确计量和合理量值传递无疑是节约能源的重要手段之一，也是实现可持续发展的有力保障。

正因为此，建设部、国家发改委、财政部、人事部、民政部、劳动保障部、国家税务局、国家环保总局等部委先后多次下发通知和意见，就持续有效地推动我国城镇供热体制改革和热计量收费措施提出要求，明确指出，住宅（含新建住宅和既有住宅）必须进行热计量改革，合理确定热计量方式；新建住宅的公共建筑必须安装楼前热计量表，既有住宅要合理确定热计量方式，启动用热计量收费，促进能源节约措施有效实施。

热量表是由国家强制监督管理的计量器具，一方面，生产企业必须取得计量器具制造许可证，才能进行热量表的生产制造；另一方面，在安装使用热量表前，必须进行首次、强制性计量检定，检定合格后才能安装使用。

本书详细介绍了热量表和热量计量的有关概念，热量表的工作原理和结构、计量检定技术及型式评价要求、耐久性试验方法、配对温度传感器的型式和要求、通讯协议以及热量表的选用、安装和维护中应当引起关注的问题等。为使考核机构和热量表生产企业更好地理解热量表制造计量器具的许可条件要求，本书对 JJF 1434—2013《热量表（热能表）制造计量器具许可考核必备条件》进行了细致的解读，以保证技术法规的顺利实施和正确应用。

本书由中国计量协会热能表工作委员会组织委员会专家和会员单位共同编写。全书分为九章，编写人员分工如下：第一章，周秉直、金志军；第二章，张立谦、付涛；第三章，陈兴、谷祖康、刘巍、刘维；第四章，王振、赵建亮；第五章，朱永宏、金志军；第六章，金志军、曾永春；第七章，孙卫国、聂永磊；第八章，金志军、卜占成；第九章，罗志荣、王永存。

供热计量和热量表技术正在稳健发展和逐步推进，本书的内容在参照目前实施的有关技术规范和标准时，根据热计量发展的需要，也借鉴了国内外技术发展的现状，进行了整理和解读。但在使用过程中，与目前国家技术标准不一致之处，应以当前现行有效版本为依据进行热量表的计量检定、型式评价等工作。

由于编者水平有限，书中一定存在不妥和不足之处，衷心希望行业专家、热计量的广大同行不吝赐教、批评指正。

编　者

2015 年 3 月

目　　录

第一章　热量表及热量计量

第一节　热量测量基础知识

一、流量测量基础

1. 流量（flow rate）【JJF 1004, 1.1】

流体流过一定截面的量称为流量。流量是瞬时流量和累积流量的统称。在一段时间内流体流过一定截面的量称为累积流量，也称为总量。当时间很短时，流体流过一定截面的量称为瞬时流量，在不会产生误解的情况下，瞬时流量也可简称流量。流量用体积表示时称为体积流量，用质量表示时称为质量流量。

瞬时体积流量可用式（1-1）表示

$$q_V = \int_A u \mathrm{d}A \tag{1-1}$$

瞬时质量流量可用式（1-2）表示

$$q_m = \int_A u\rho \mathrm{d}A \tag{1-2}$$

累积体积流量可用式（1-3）表示

$$V = \int_t q_V \mathrm{d}t \tag{1-3}$$

累积质量流量可用式（1-4）表示

$$m = \int_t q_m \mathrm{d}t \tag{1-4}$$

式中：q_V——流体的瞬时体积流量，$\mathrm{m^3/s}$；

$\quad q_m$——流体的瞬时质量流量，$\mathrm{kg/s}$；

$\quad u$——流体通过单元截面 $\mathrm{d}A$ 时的流速，$\mathrm{m/s}$；

$\quad A$——流体通过的截面面积，$\mathrm{m^2}$；

$\quad \rho$——流体密度，$\mathrm{kg/m^3}$；

$\quad V$——流体的累积体积流量，$\mathrm{m^3}$；

$\quad m$——流体的累积质量流量，kg；

$\quad t$——流体通过一定截面的时间，s。

如果整个截面上各点的流速相同，则式（1-1）、式（1-2）可以分别简化为

$$q_V = uA \tag{1-5}$$

$$q_m = \rho uA \tag{1-6}$$

对于稳定流，由于流体的流动是不随时间变化的，则式（1-3）、式（1-4）可以分别简化为

$$V = q_V t \tag{1-7}$$

$$m = q_m t \tag{1-8}$$

在 SI 单位制中，质量流量单位为 kg/s，体积流量单位为 m^3/s。常用的流量单位有：m^3/h，m^3/min，L/s，kg/h，kg/min，t/h 等。

例如：对于公称通径为 DN20mm 的热量表，若瞬时体积流量为 $0.5m^3/h$，连续稳定运行 24h，其累积体积流量约为：$0.5m^3/h \times 24h = 12m^3$。

2. 流量计（flowmeter）【JJF 1004，1.4】

测量流量的器具。通常由一次装置和二次装置组成。

一次装置（primary device）是指产生流量信号的装置。根据所采用的原理，一次装置可在管道内部或外部。如，电磁流量计，一次装置包括测量管、测量流体所产生信号的一对或多对径向对置的电极及在测量管中产生磁场的一个电磁体。超声波流量计，一次装置包括测量管和超声波换能器。

二次装置（secondary device）是指接受来自一次装置的信号并显示、记录、转换和（或）传送该信号以得到流量值的装置。

满管流量测量用流量计按测量原理可简单分为四大类：（1）差压式流量计，常见的流量计有标准节流装置、均速管流量计、临界流流量计、内锥式流量计、弯管流量计等；（2）速度式流量计，常见的流量计有涡轮流量计、涡街流量计、电磁流量计、超声流量计、弯管流量计等；（3）容积式流量计，常见的流量计有椭圆齿轮流量计、腰轮流量计、活塞流量计、双转子流量计等；（4）质量流量计，常见的流量计有科里奥利质量流量计、量热式质量流量计等。

3. 密度（density）【JJF1229，二、3.1】

表示单位体积 V 中所含物质的质量 m。对于均质流体，其密度可用式（1-9）表示

$$\rho = \frac{m}{V} \tag{1-9}$$

式中：ρ——密度，kg/m^3；

V——均质流体的体积，m^3；

m——均质流体的质量，kg；

对于非均质流体，在其中任取一个体积为 ΔV、质量为 Δm 的流体微团，当微团无限小而趋近于一个质点时，该点上的流体密度可用式（1-10）表示

$$\rho = \lim_{\Delta V \to 0} \frac{\Delta m}{\Delta V} = \frac{dm}{dV} \tag{1-10}$$

密度的倒数称为比容，即单位流体的质量所占有的体积。比容可用式（1-11）表示

$$\nu = \frac{1}{\rho} \tag{1-11}$$

流体密度与温度、压力有关。当压力不变、温度不同时，流体密度可用式（1-12）计算

$$\rho = \rho_{20}[1 - \beta(\theta - 20)] \tag{1-12}$$

式中：ρ，ρ_{20}——工况温度和20℃时液体的密度，kg/m^3；

β——流体的热膨胀系数，1/℃；

θ——液体的温度，℃。

当温度不变、压力不同时，流体密度可用式（1-13）计算

$$\rho = \rho_0[1 + \kappa(p - p_0)] \tag{1-13}$$

式中：ρ，ρ_0——工况压力和压力为 p_0 时液体的密度，kg/m^3；

p_0——标准状态下的压力，101325Pa；

κ——流体的压缩系数，1/Pa；

p——液体的压力，Pa。

当压力变化对流体密度的影响可忽略不计时，可认为此状态下的流体为不可压缩流体。但在计量准确度要求高时，不能轻易忽略液体压缩性对流体密度的影响。

4. 黏度

当流体在管道中流动时，在相邻流层间的接触面上会形成一对阻碍两流层相对运动的等值而反向的摩擦力，叫内摩擦力。流体的这种性质，称为黏滞性。

流体运动所产生的内摩擦力与沿接触面法线方向的速度梯度和接触面面积成正比，并与流体的物理性质有关，而与接触面上压力无关。这个关系可用式（1-14）表示

$$f = \eta A \frac{\mathrm{d}u}{\mathrm{d}y} \tag{1-14}$$

式中：f——流体层接触面上的内摩擦力，N；

A——流体层之间的接触面积，m^2；

$\dfrac{\mathrm{d}u}{\mathrm{d}y}$——沿接触面法线方向的速度梯度，1/s；

η——表示流体物理性质的一个比例系数，即动力黏度（黏性动力系数），$Pa \cdot s$。

单位面积上的内摩擦力 τ（切应力）可用式（1-15）表示

$$\tau = \frac{f}{A} = \eta \frac{\mathrm{d}u}{\mathrm{d}y} \tag{1-15}$$

在运动流体中，内摩擦力或切应力总是成对出现，它们大小相等、方向相反。当流体静止时，速度梯度 $\dfrac{\mathrm{d}u}{\mathrm{d}y}=0$，所以不呈现切应力。

流体的动力黏度与密度的比值称为运动黏度（黏性运动系数）。运动黏度可用式（1-16）表示

$$\nu = \frac{\eta}{\rho} \tag{1-16}$$

式中：ν——运动黏度，m^2/s；

ρ——流体的密度，kg/m^3；

η——动力黏度，$Pa \cdot s$。

在 SI 单位制中，动力黏度的单位为 $Pa \cdot s$，运动黏度的单位为 m^2/s。

不同流体其动力黏度 η 值和运动黏度 ν 值各不相同。液体的动力黏度和运动黏度均随温度和压力而变化，但是压力的影响很小，常忽略不计。温度升高，液体的动力黏度、运动黏度均减小。表 1-1 为水的动力黏度 η 随温度变化的数值，表 1-2 为水的运动黏度 ν 随温度变化的数值。

表 1-1　水的动力黏度 η 随温度变化的数值

温度 $t/^\circ\!C$	0	20	40	60	80	100
动力黏度 $\eta/(10^3 Pa \cdot s)$	1.79	1.01	0.66	0.47	0.36	0.28

表 1-2　水的运动黏度 ν 随温度变化的数值

温度 $t/^\circ\!C$	0	4	10	15	20	30	40	50
运动黏度 $\nu/(10^6 m^2/s)$	1.79	1.57	1.31	1.15	1.01	0.80	0.66	0.56

5. 热膨胀系数和压缩系数

流体的体积随温度变化而变化。在大多数情况下，温度升高，流体的体积膨胀，这种特性称为流体的膨胀性。流体的膨胀性可用热膨胀系数来表示，其定义为：在一定压力下，温度每升高1℃，流体体积的相对增加量。热膨胀系数可用式（1 – 17）表示

$$\beta = \frac{1}{V} \frac{\Delta V}{\Delta \theta} \tag{1 – 17}$$

式中：β——流体的热膨胀系数，1/℃；

V——流体的原有体积，m^3；

$\Delta \theta$——流体的温度增量，℃；

ΔV——流体的体积增量，m^3。

当作用在流体上的压力增加时，流体所占有的体积将缩小，这种特性称为流体的压缩性。流体的压缩性可用压缩系数来表示，其定义为：在一定温度下，单位压力增量作用于流体时，流体体积的相对缩小量。压缩系数可用式（1 – 18）表示

$$\kappa = -\frac{1}{V} \frac{\Delta V}{\Delta p} \tag{1 – 18}$$

式中：κ——流体的压缩系数，1/Pa；

V——流体的原有体积，m^3；

Δp——流体的压力增量，Pa；

ΔV——压力增加 Δp 时，流体体积的变化量，m^3。

当 Δp 为正值时，ΔV 是负值，在式（1 – 18）中有负号，使 κ 为正值。κ 值的大小反映了流体可压缩性的大小。

6. 雷诺数（Reynolds number）【JJF 1004，1.48】

表示惯性力与粘性力之比的无量纲参数。

雷诺数可用式（1 – 19）表示

$$Re = \frac{u l \rho}{\eta} = \frac{u l}{\nu} \tag{1 – 19}$$

式中：u——流体的平均流速，m/s；

l——流束的特征尺寸，m；

ν，η——工作状态下流体的运动黏度（m^2/s）和动力黏度（Pa·s）；

ρ——流体密度，kg/m^3。

从式（1 – 19）可知，雷诺数的大小取决于流速、特征尺寸和流体黏度3个参数。当规定雷诺数时，应指明一个作为依据的特征尺寸，如管道的直径、节流装置中孔板的直径、皮托管测量头的直径等。对于圆形管道，特征尺寸一般取管道直径 D，其雷诺数的计算公式为

$$Re = \frac{u D}{\nu} \tag{1 – 20}$$

工程计算中，一般管道直径单位以 mm 表示，在已知体积流量 q_v（单位：m^3/h）或质量流量 q_m（单位：kg/h）而非流速 u 的情况下，雷诺数可用下面的实用公式计算

$$Re = 0.354 \frac{q_m}{D \eta} \tag{1 – 21}$$

$$Re = 0.354 \frac{q_v}{D \nu} \tag{1 – 22}$$

式中，ν、η 的单位分别为 m^2/s 和 $Pa \cdot s$。

7. 层流（laminar flow）与紊流（turbulent flow）【JJF1004，1.29 1.28】

层流是指与惯性力相比，粘性力起主要作用的流动。层流是流体的质点作分层运动，在流层之间不发生混杂的流动。

紊流是指与粘性力相比，惯性力起主要作用的流动，也称湍流。紊流是时间和空间上不规则（随机）的速度波动叠加在平均流上的流动。

判断管内流动是层流还是紊流的依据是雷诺数 Re。根据实验测定，圆管内流动的临界雷诺数为 Re = 2320。

一般地说，Re = 2320 是从层流变为紊流状态的临界值。需要说明的是，即使 Re 比 2320 大，如果管道内壁面加工的很光滑且流动处于稳定状态，仍可保持层流状态。当 Re 在 2320 以下时，即使管内壁面是粗糙的，也不会形成紊流状态。

不同流体密度、黏度、流速或管径条件下的两种流动，如果雷诺数相同，那么它们或者同为层流或者同为紊流，而且这两种流动的流速场分布、压力场分布等动力学性质也是相似的，这就是雷诺相似准则。流量仪表在某种标定介质（通常液体流量计用水、气体流量计用空气）中标定得到的流量系数，可以根据在雷诺相似准则换算出另一种介质（被测介质）的流量或流速。

例如：有一圆形水管，已知其直径 D = 50mm，水的流速 u = 2m/s，水温 t = 20℃；查表可知水的运动黏度 ν = $1.01 \times 10^{-6} m^2/s$，用以上条件可计算出雷诺数

$$Re = \frac{uD}{\nu} = \frac{2 \times 0.05}{1.01 \times 10^{-6}} \approx 1 \times 10^5 > 2320 \qquad (1-23)$$

由计算出的雷诺数可判断圆形管中的流动形态为紊流。

8. 速度分布（velocity distribution）【JJF 1004，1.34】

在管道横截面上流体速度轴向分量的分布模式称为速度分布。一般规律是，越靠近管壁，由于流体与管壁的黏滞作用，流速越小，管壁上的流速为零；越靠近圆管中心，流速越大，圆管中心的流速最大。

圆管内的流动状态不同，所呈现的速度分布也不同。其中，比较简单的速度分布模型为：

层流流动时

$$u_x = u_{max} \left[1 - \left(\frac{r_x}{R} \right)^2 \right] \qquad (1-24)$$

紊流流动时

$$u_x = u_{max} \left(1 - \frac{r_x}{R} \right)^{\frac{1}{n}} \qquad (1-25)$$

式中：r_x——距管道中心的径向距离，m；

u_x——管道中心的流速，m/s；

u_{max}——管道中心处的最大流速，m/s；

R——管道内半径，m。

n——随流体雷诺数不同而变化的系数，其值见表 1-3。

从式（1-24）和式（1-25）可以看出，在层流状态下，速度分布是以圆管中心线为对称轴的一个抛物面。在紊流状态下，速度分布是以圆管中心线为对称轴的一个指数曲面，且随雷诺数的变化而变化。管内速度分布轴向剖视图如图 1-1 所示。

表 1 − 3　n 与雷诺数 Re 的关系

Re	n	Re	n	Re	n
2.56×10^4	7.0	4.28×10^5	8.6	1.10×10^6	9.4
1.05×10^5	7.3	5.36×10^5	8.8	1.52×10^6	9.7
2.06×10^5	8.0	5.72×10^5	8.8	1.98×10^6	9.8
3.20×10^5	8.3	6.40×10^5	8.8	2.35×10^6	9.8
3.84×10^5	8.5	7.00×10^5	9.0	2.78×10^6	9.9
3.96×10^5	8.5	8.44×10^5	9.2	3.07×10^6	9.9

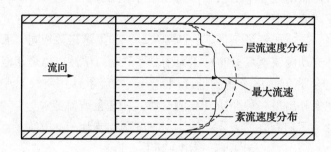

图 1 − 1　管内速度分布轴向剖视图

　　图 1 − 1 这样的典型管内速度分布，是指充分发展了的管内流动所具有的速度分布，也就是说，管内流体只有通过足够长的直管段以后才能形成。并非管内流动都是这样的分布。恰恰相反，由于流动过程中存在各种干扰，一般情况下，管内的速度分布总是要偏离这种典型的速度分布而对流量测量造成影响。因为流体流经阻流件，如弯头、三通、阀门等时，速度分布会发生畸变以及产生旋涡，这种情况称为非充分发展管流。非充分发展管流就是速度分布从一个横截面到另一个横截面皆在变化的流动。只有在很长的直管段末端或加装流动调整器后速度分布才能恢复到充分发展管流。这正是许多流量计需要足够长的表前直管段的根本原因。

　　9. 平均轴向流体速度（mean axial fluid velocity）【JJF 1004，1.38】

　　平均轴向流体速度是指瞬时体积流量（局部流体速度的轴向分量在管道截面上的积分）与横截面面积之比。平均轴向流体速度可用式（1 − 26）表示

$$\bar{u} = \frac{q_V}{A} = \frac{\int u_x \mathrm{d}A}{A} \qquad (1-26)$$

式中：$\bar{u}$——平均轴向流体速度，m/s；

　　　q_V——瞬时体积流量，$\mathrm{m^3/s}$；

　　　A——管道横截面面积，$\mathrm{m^2}$；

　　　u_x——管道中心的流速，m/s；

对于圆管，将式（1 − 24）和式（1 − 25）代入式（1 − 26）得层流状态下的平均轴向流体速度

$$\bar{u} = \frac{\int_0^R u_x 2\pi r \mathrm{d}r}{\pi R^2} = \frac{2\pi u_{max} \int_0^R \left[1 - \left(\frac{r}{R} \right)^2 \right] r \mathrm{d}r}{\pi R^2} = \frac{1}{2} u_{max} \qquad (1-27)$$

紊流状态下的平均轴向流体速度

$$\bar{u} = \frac{\int_0^R u_x 2\pi r \mathrm{d}r}{\pi R^2} = \frac{2\pi u_{\max} \int_0^R \left[\left(1 - \frac{r}{R}\right)^{\frac{1}{n}}\right] r \mathrm{d}r}{\pi R^2} = \frac{2n^2}{(2n+1)(n+1)} u_{\max} \tag{1-28}$$

10. 稳定流（steady flow）与不稳定流（unsteady flow）【JJF 1004, 1.30 1.31】

稳定流是指速度、压力和温度基本上不随时间变化，且不影响测量准确度的流动，也称定常流。一般观察到的稳定流实际上是其速度、压力和温度等量都会围绕着平均值有很小的变化，但不影响到测量的不确定度的流动。

不稳定流是指速度、压力、密度和温度中的一个或多个参数随时间波动的流动，也称非定常流。对不稳定流所考虑的时间间隔应足够长，以便排除紊流本身的随机分量。

11. 连续性方程

在流体流量测量实际应用中，流体被认为是连续介质，即由无数流体微团连续分布而组成，表征流体属性的密度、黏度、速度、压力等物理量是连续分布的。这就是流体流量测量的"连续性假设"。

在管道内的流体流动过程中，流体作稳定流动，即流体的速度、压力和温度基本上不随时间变化，在同一管道内的任意一横截面积为 A_1 的截面上，平均流体速度为 $\bar{u}_1$，平均密度为 ρ_1，在另一横截面积为 A_2 的截面上，平均流体速度为 $\bar{u}_2$，平均密度为 ρ_2，在一定时间间隔 Δt 内，经过第一个截面的流体质量流量可用式（1-29）表示

$$m_1 = \rho_1 \bar{u}_1 A_1 \Delta t \tag{1-29}$$

经过第二个截面的流体质量流量可用式（1-30）表示

$$m_2 = \rho_2 \bar{u}_2 A_2 \Delta t \tag{1-30}$$

根据质量守恒定律和连续性假设，则有

$$\rho_1 \bar{u}_1 A_1 \Delta t = \rho_2 \bar{u}_2 A_2 \Delta t \tag{1-31}$$

对于可压缩流体定稳定流，连续性方程为

$$\rho_1 \bar{u}_1 A_1 = \rho_2 \bar{u}_2 A_2 = 常数 \tag{1-32}$$

对于不可压缩流体稳定，连续性方程为

$$\bar{u}_1 A_1 = \bar{u}_2 A_2 \tag{1-33}$$

12. 伯努利方程

伯努利方程是表示流动流体的压力、流速与位置高度之间相互关系的能量方程。理想流体的伯努利方程可以由动能定理导出。根据动能定理，某一段时间内流体动能的变化，等于同一时间内作用于流体外力所做的功的和，即

$$\frac{1}{2}mu_2^2 - \frac{1}{2}mu_1^2 = \sum W \tag{1-34}$$

式中：m——流体质量，kg；

　　　u_1——流体初始状态的流速，m/s；

　　　u_2——流体动能变化后的流速，m/s；

　　　$\sum W$——同一时间内作用于流体外力所做的功的和，J。

如图 1-2 所示，微小流束的过流断面 1-1，2-2 面积为 $\mathrm{d}A_1$，$\mathrm{d}A_2$，断面中心到基准面上的高度分别为 h_1，h_2，在过流断面上的总压力分别为 p_1 和 p_2，则作用于流体

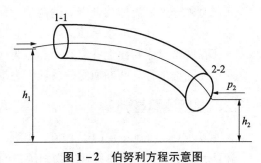

图 1-2 伯努利方程示意图

的和外力所做的功有：压力功 W_1 和重力做功 W_2。

设在 dt 时间内，流体两个过流断面分别移动了距离 ds_1 和 ds_2，则压力功 W_1 为：

$$W_1 = p_1 dA_1 ds_1 - p_2 dA_2 ds_2$$

由于 $dA_1 ds_1 = dA_2 ds_2 = dV$，则，压力功可用式（1-35）表示

$$W_1 = (p_1 - p_2) dV \tag{1-35}$$

式中：dV——流体微小流束体积。

重力做功 W_2 可用式（1-36）表示

$$W_2 = \rho g dV (h_1 - h_2) \tag{1-36}$$

式中：ρ——流体密度；

　　g——当地的重力加速度。

对于不可压缩流体在稳定流条件下的动能增量为

$$\frac{1}{2}(dm)u_2^2 - \frac{1}{2}(dm)u_1^2 = \frac{1}{2}dV\rho(u_2^2 - u_1^2) = W_1 + W_2 \tag{1-37}$$

由式（1-35）、式（1-36）和式（1-37）得

$$\frac{1}{2}dV\rho(u_2^2 - u_1^2) = (p_1 - p_2)dV + \rho g dV(h_1 - h_2)$$

整理后得

$$h_1 g + \frac{p_1}{\rho} + \frac{u_1^2}{2} = h_2 g + \frac{p_2}{\rho} + \frac{u_2^2}{2} \tag{1-38}$$

式（1-38）即为流体流动的伯努利方程，表示流体运动时总的机械能守恒，所以称为流体的能量方程。

对于实际流体，由于流体与管壁的摩擦，流体内部的相互摩擦，一部分机械能会被转化为热能而消耗，称为阻力损失，用符号 h_w 表示。此时，伯努利方程修正为

$$h_1 g + \frac{p_1}{\rho} + \frac{u_1^2}{2} = h_2 g + \frac{p_2}{\rho} + \frac{u_2^2}{2} + h_w g \tag{1-39}$$

伯努利方程的适用条件为：

（1）流体的流动是稳定流。

（2）所取两过流断面是渐变流断面，即流体各点只受重力作用，流线几乎是相互平行的直线，但在两过流断面之间比一定要求是渐变流。

（3）两过流断面间的流量不变。

（4）流体为不可压缩流体。

在实际使用伯努利方程时，应注意以下几点：

（1）必须先选定流体为渐变流的两个过流断面。

（2）选定一个任意的水平面为重力的基准面。

（3）在两个过流断面上各取其中心点为代表点。

（4）无遗漏地计算两断面间的各项阻力损失。

二、温度测量基础

1. 温度（temperature）【JJF 1007，3.2】

温度是表征物体的冷热程度的物理量。温度是决定一系统是否与其他系统处于热平衡的物理量，一

切互为热平衡的物体都具有相同的温度。温度与分子的平均动能相联系，它标志着物体内部分子无规则运动的剧烈程度。

温度是一个重要的物理量。在 SI 单位制中规定了 7 个基本单位，热力学温度单位就是其中之一，其单位名称是开尔文，单位符号为 K。1K 等于水三相点热力学温度的 1/273.16。

目前，国际上通用的温标是国际温标（符号 ITS），它能在各国得到复现，从而将温度量值逐级传递，直到各种测温仪表。

2. 温标（temperature scale）【JJF 1007，3.8】

温标是温度的数值表示法。

为了定量表示物体的冷热程度，必须用数值将温度表示出来。用数值表示温度的方法称为温度标尺，简称温标。

建立一种温标必须具备以下 3 个条件：

（1）固定温度点

在不同条件下，物质通常都可以呈现为固体、液体、气体三种不同状态，称为物质的三"态"或三"相"。在一定条件下，物质的三相可以相互转化，或是维持在两相或三相共存的平衡状态。利用一些物质的"相"平衡温度（如水的汽相和液相的平衡温度——水沸点，水的液相和固相的平衡温度——冰点等）作为温标基本点，并对每个点的温度给以确定的数值，这些点就称为固定温度点（被选用的固定温度点的数值应当恒定，固定点的实现装置也应当便于制造和复现）。

（2）测温仪器

测温仪器利用某种物质的物理性质（如热膨胀，热电阻等）随温度的改变而变化的特性进行温度测量。这种被用来测定温度的物质称为测温质，用来测量温度的物理量称为测温量。例如，利用水银体积随温度的变化来测定温度的水银温度计和利用铂丝电阻值随温度变化来测定温度的热电阻等，其中水银和铂丝就是测温质，而热膨胀和热电阻则是测温量。

（3）温标方程

温标方程是用来确定各固定点之间任意点温度数值的数学关系式。以线性关系为例，设 y 为测温量，t 为温度，则

$$y = Kt + C \qquad (1-40)$$

式中：K——待定比例系数；

C——决定初始值的常数。

利用两个已知温度数值 t_1、t_2 的固定温度点，可以求出常数 K 和 C

$$y_1 = Kt_1 + C \qquad (1-41)$$
$$y_2 = Kt_2 + C \qquad (1-42)$$

两式相减得

$$K = \frac{y_2 - y_1}{t_2 - t_1}$$

将 K 值代入式（1-41）得

$$C = y_1 - \left(\frac{y_2 - y_1}{t_2 - t_1}\right) t_1$$

将 K、C 值代入式（1-40），得到线性温标方程

$$t = \left(\frac{t_2 - t_1}{y_2 - y_1}\right) y + \left[t_1 - \left(\frac{t_2 - t_1}{y_2 - y_1}\right) y_1 \right] \qquad (1-43)$$

3. 经验温标（experimen taltemperature scale）【JJF 1007，3.9】

经验温标是借助于物质的某种物理参量与温度的关系，用实验方法或经验公式构成的温标。例如，摄氏温标和华氏温标。

（1）摄氏温标。在 1742 年，瑞典人安德斯·摄尔修斯（Anders Celsius）将 1 个标准大气压下的水的沸点规定为 0℃，冰点定为 100℃，将两固定温度点间等分为 100 个刻度，这和现行的摄氏温标刚好相反，直到 1744 年，才被卡尔·林奈修订成现行的冰点定为 0℃，水的沸点定为 100℃。1954 年第十届国际计量大会特别将此温标命名为"摄氏温标"，以表彰摄氏的贡献。目前，世界上大多数国家采用摄氏温度单位。

（2）华氏温标。在 1714 年，德国人丹尼尔·家百列·华伦海特（Daniel Gabriel Fahrenheit）使用 3 个参考温度来标示刻度，由冰、水以及氯化铵构成的混合物中，温度计的刻度定为 0 度；冰、水混合物中，温度计的刻度标记为 32 度；温度计含入口中或夹在腋下刻度标记为 96 度。后来，其他科学家重新修订华氏温标，使沸点刚好高于冰点 180 度。这样，人体的正常体温修正成了 98.6 度。

华氏度 t_F 与摄氏度 t_c 的换算关系如下

$$\frac{t_c}{t_F - 32} = \frac{100}{212 - 32} \tag{1-44}$$

则有

$$t_c = \frac{5}{9}(t_F - 32) \tag{1-45}$$

$$t_F = \frac{9}{5}t_c + 32 \tag{1-46}$$

4. 热力学温标（thermodynamic temperature scale）

经验温标具有局限性和任意性两个缺点，是不科学的。只有超脱于任何特定特质，而由普遍适用的自然规律所决定的温标，才能将温度计量建立在科学的基础上。

在 1848 年，物理学家开尔文（Kelvin）提出热力学温标。该温标是利用卡诺定理，以热力学第一定律及第二定律为基础建立起来的。它与测温物质本身的性质无关。

（1）热力学第一定律是由迈尔（Mayer）和焦耳（Joule）在 1842 年和 1843 年先后独立提出的。可以简略概括为：一切物质的能量从一种形式转化为另一种形式，从一个物体传给另一个物体，在转化和传递中能量总量不变。

（2）热力学第二定律是由克劳修斯和开尔文在 1850 年和 1856 年先后提出的。克劳修斯的解释可概括为：不可能把热量从低温物体传到高温物体而不引起其他变化。开尔文的解释可概括为：不可能从单一热源吸热使之完全变为有用的功而不引起其他变化。

（3）卡诺定理：所有工作于两个一定的温度之间的热机，以可逆热机的效率最高，并且所有可逆热机效率相等。

遵守卡诺定理的可逆热机热效率 η 为

$$\eta = \frac{W}{Q_1} = \frac{Q_1 - Q_2}{Q_1} = \frac{T_1 - T_2}{T_1} \tag{1-47}$$

式中：Q_1——卡诺热机从高温热源吸收的热量；

　　　Q_2——卡诺热机向低温热源放出的热量；

　　　W——卡诺热机所做的功（由热力学第一定律可得 W、Q_1、Q_2）；

　　　T_1——高温热源的温度；

　　　T_2——低温热源的温度。

简化后可得

$$\frac{Q_1}{Q_2} = \frac{T_1}{T_2}$$

则

$$T_1 = \frac{Q_1}{Q_2}T_2 \qquad\qquad (1-48)$$

这就是说，工作于两热源之间的卡诺热机，其与两热源之间交换热量之比等于两热源之间温度之比。

1848 年，开尔文建议，利用卡诺定理及其推论，建立一个与测温质无关的温标，即热力学温标。热力学温标所确定的温度数值称为热力学温度，亦称绝对温度，用符号 K 表示。它选用卡诺热机作为测温质（即温度计），而选择热量比作为测温量（即温度计参数）。

例如，拟测定或标志某待测热源的热力学温度数值 T，需先确定具有水三相点热力学温度 T_3 的热源为标准热源，并指定其标志的数值为 273.16K（即 T_3）。利用卡诺机进行测温，令其工作在 T 与 T_3 两热源之间，则卡诺机与两热源之间的交换热量之比与两者热力学温度数值之比应相等，即

$$\frac{T}{T_3} = \frac{Q}{Q_3}$$

$$T = \frac{Q}{Q_3}T_3 = \frac{Q}{Q_3} \times 273.16 \qquad\qquad (1-49)$$

此时，用卡诺机来测定比值 Q/Q_3，就可由公式求出待测热源的热力学温度数值。式（1-49）就是热力学温标的温标方程。

由热力学温标所确定的待测热源的温度称为热力学温度。它为温度计量奠定了牢固的科学基础。

1954 年国际计量大会决定把水三相点 273.16K 定义为热力学温标的基本固定温度，而热力学温度的单位开尔文（符号 K）就是水三相点的热力学温度的1/273.16。

由于历史原因，联系到温标原始定义的方法，仍然保留了摄氏温标的形式，为了统一摄氏温标和热力学温标，1960 年国际计量大会对摄氏温标做了新的定义，规定它由热力学温标导出，摄氏温度的定义可用式（1-50）表示

$$t = T - 273.15 \qquad\qquad (1-50)$$

它的单位是摄氏度，符号为℃。摄氏度与开尔文完全是等值的。表示温度差时可以用开尔文表示，也可用摄氏度表示。

通常在0℃以下习惯用开尔文表示，而在0℃以上用摄氏度表示，这样可以避免使用负值。两者之间的关系如图 1-3 所示。

1967 年第十三届国际计量大会上，将热力学温度的单位开尔文（符号 K）列为国际单位制(SI) 7 个基本单位之一。

需要说明的是热力学温度不能根据其定义直接实现，因为直接测量其温度必须测量卡诺机在工作过程中的热量变化，而热量变化不能直接测量，它又必须依赖于温度的测量来确定。

可以证明理想气体温标与热力学温标是完全等值的。所以，热力学温标的实现可以借助于理想气体温标。

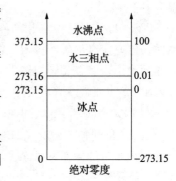

图 1-3　K-℃对应图

5. 理想气体温标

可以证明，对一定质量的气体，压强 p、体积 V 和温度 T 有如下的关系

$$\frac{pV}{T} = 恒量 \qquad\qquad (1-51)$$

在标准状况下，对 1mol 的气体有如下关系

$$pV = RT \qquad (1-52)$$

这就是理想气体状态方程。R 为普适气体常数。

当气体体积恒定时，一定质量的气体［如 n（mol）气体］，其压强与温度成正比。在选定水三相点温度的压强 p_3 为参考点以后，可得

$$\frac{p}{T} = \frac{p_3}{T_3} = \frac{nR}{V} = 恒量$$

$$T = \frac{p}{p_3}T_3 = \frac{p}{p_3} \times 273.16 \qquad (1-53)$$

式（1-53）就是理想气体的温标方程，不难看出，它与热力学温标方程［式（1-49）］有完全相同的形式。所谓气体体积恒定，是将气体盛在固定容器内实现的。利用这种关系进行温度测量的温度计叫做定容式气体温度计，它通过压强的变化可以测量出温度的变化。这样，热力学温标难以实现的问题就解决了。

当然，准确地用定容式气体温度计来测量温度也不是一件很容易的事，还必须进一步考虑许多影响测量准确性的因素，再对其逐项进行修正，如真实气体非理想气体的修正、容器膨胀效应的修正、容器壁对气体分子的吸附作用修正等。

6. 国际［实用］温标（international［practical］temperature scale）【JJF 1007，3.10】

由国际协议而采用的易于高精度复现，并在当时知识和技术水平范围内尽可能接近热力学温度的经验温标。

现行的国际实用温标是"1990 国际温标"，它包括 17 个定义固定点，规定了标准仪器和温度与相应物理量的函数关系。

1990 年的国际温标同时定义了国际开尔文温度（符号为 T_{90}）和国际摄氏温度 t_{90}，T_{90} 和 t_{90} 之间的关系可用式（1-54）表示

$$t_{90}/℃ = T_{90}/K - 273.15 \qquad (1-54)$$

物理量 T_{90} 的单位为开尔文（符号为 K），t_{90} 的单位为摄氏度（符号为℃），与热力学温度 T 和摄氏温度 t 一样。

ITS-90 通过各温区和各分温区来定义 T_{90}。某些温区或分温区是重叠的，重叠区的 T_{90} 定义有差异。然而，这些定义应属于等效。在相同温度下使用此有异议的定义时，只有高精度的不同测量之间的数值才能探测出来。在相同温度下，即使使用一个定义，对于两支可接受的内插仪器（如电阻温度计）亦可得出 T_{90} 的细微差值。实际上这些差值可以忽略不计。

在 1990 国际温标中，从 0.65K 到 5.0K 之间，T_{90} 由 ^{3}He 和 ^{4}He 的蒸汽压与温度的关系式来定义。

从 3.0K 到氖三相点（24.5561K）之间，T_{90} 是用氦气体温度计来定义的。它使用了 3 个定义固定点并利用规定的内插方法来分度。这 3 个定义固定点可以实验复现，并具有给定值。

从平衡氢三相点（13.8033K）到银凝固点（961.78℃）之间，T_{90} 是用铂电阻温度计来定义的。在一组规定的定义固定点上利用所规定的内插方法来分度。

在银固定点（961.78℃）以上，T_{90} 借助于一个定义固定点和普朗克辐射定律来定义。

（1）从 0.65K 到 5.0K：用氦蒸汽压-温度方程定义

在此温区内，T_{90} 按式（1-55），用 ^{3}He 和 ^{4}He 蒸汽压 p 来定义

$$T_{90}/K = A_0 + \sum_{i=1}^{9} A_i \{ [\ln(p/Pa) - B] / C \}^i \qquad (1-55)$$

式中，A_0、A_i、B 和 C 为常数。

（2）从 3.0K 到氖三相点（24.5561K）：用 ^{3}He 和 ^{4}He 作为测温气体对于 ^{3}He 气体温度计，以及用于低于 4.2K 的 ^{4}He 气体温度计，必须明确考虑到气体的非理想性，应使用有关的第二维里系数 $B_3(T_{90})$ 或 $B_4(T_{90})$。在此温区内，T_{90} 由式（1-56）定义

$$T_{90} = \frac{a + bp + cp^2}{1 + B_x(T_{90})N/V} \tag{1-56}$$

式中，p 为气体温度计的压强；a、b 和 c 为系数；N/V 为气体温度计温泡中的气体密度，N 为气体量，V 为温泡的容积；x 根据不同的同位素取 3 或 4。第二维里系数由式（1-57）、式（1-58）给出。

对于 ^{3}He

$$B_3(T_{90})/\mathrm{m}^3 \cdot \mathrm{mol}^{-1} = [16.69 - 336.98(T_{90}/\mathrm{K})^{-1} + 91.04(T_{90}/\mathrm{K})^{-2} - 13.82(T_{90}/\mathrm{K})^{-3}] \times 10^{-6} \tag{1-57}$$

对于 ^{4}He

$$B_4(T_{90})/\mathrm{m}^3 \cdot \mathrm{mol}^{-1} = \begin{bmatrix} 16.708 - 374.05(T_{90}/\mathrm{K})^{-1} - 383.53(T_{90}/\mathrm{K})^{-2} + 1799.2(T_{90}/\mathrm{K})^{-3} \\ -4033.2(T_{90}/\mathrm{K})^{-4} + 3252.8(T_{90}/\mathrm{K})^{-5} \end{bmatrix} \times 10^{-6} \tag{1-58}$$

利用式（1-57）、式（1-58）复现 T_{90} 的准确度取决于气体温度计的设计以及所用气体的密度。

（3）从平衡氢三相点（13.8033K）到银凝固点（961.78℃）：用铂电阻温度计定义

在此温区内，T_{90} 用铂电阻温度计来定义，在一组规定的定义固定点上和规定的参考函数以及内插温度的偏差函数来分度。

温度值 T_{90} 是由该温度时的电阻 $R(T_{90})$ 与水三相点时的电阻 $R(273.16\mathrm{K})$ 之比来求得的。此比值 $W(T_{90})$ 为

$$W(T_{90}) = \frac{R(T_{90})}{R(273.16\mathrm{K})} \tag{1-59}$$

适用的铂电阻温度计必须是由无应力的纯铂丝做成的，并且至少应满足下列两个关系式之一：

$$W(29.7646℃) \geqslant 1.11807$$

$$W(-38.8344℃) \leqslant 0.844235$$

用于银凝固点的铂电阻温度计，还必须满足以下要求：

$$W(961.78℃) \geqslant 4.2844$$

在电阻温度计的每个温区内，T_{90} 可由相应的参考函数给出的 $W_r(T_{90})$ 以及偏差值 $W(T_{90}) - W_r(T_{90})$ 经计算得到。

下面给出各温区所用的定义固定点和各温区的偏差函数：

（1）平衡氢三相点（13.8033K）到水三相点（273.16K）

温度计在下列固定点分度：平衡氢三相点（13.8033K）、氖三相点（24.5516K）、氧三相点（54.3584K）、氩三相点（83.8058K）、汞三相点（234.3156K）和水三相点（273.16K），以及接近于 17.0K 和 20.3K 的两个附加温度点。偏差函数为

$$W(T_{90}) - W_r(T_{90}) = a[W(T_{90}) - 1] + b[W(T_{90} - 1)]^2 + \sum_{i=1}^{5} c_i[\ln W(T_{90})]^{i+n} \tag{1-60}$$

式中，$n = 2$；系数 a、b、c 由定义固定点上测定得到。

（2）0℃到银凝固点（961.78℃）

温度计在水三相点（0.01℃）以及锡凝固点（231.928℃）、锌凝固点（419.527℃）、铝凝固点（660.323℃）和银凝固点（961.78℃）上分度。偏差函数为

$$W(T_{90}) - W_r(T_{90}) = a[W(T_{90}) - 1] + b[W(T_{90}) - 1]^2 + c[W(T_{90}) - 1]^3 + d[W(T_{90}) - W(660.323)]^2$$

$$(1-61)$$

（3）汞三相点（-38.8344℃）到镓三相点（29.7646℃）

温度计在汞三相点（-38.8344℃）、水三相点（0.01℃）和镓熔点（29.7646℃）上分度。偏差函数为

$$W(T_{90}) - W_r(T_{90}) = a[W(T_{90}) - 1] + b[W(T_{90}) - 1]^2 + c[W(T_{90}) - 1]^3 + d[W(T_{90}) - W(660.323)]^2$$

$$(1-62)$$

式中，$c=d=0$；系数 a 和 b 由定义规定点上的测量值求得。

（4）银凝固点（961.78℃）以上温区：用普朗克辐射定律

银凝固点以上 T_{90} 由式（1-63）定义

$$\frac{L_\lambda(T_{90})}{L_\lambda[T_{90}(x)]} = \frac{\exp\{c_2[\lambda T_{90}(x)]^{-1}\} - 1}{\exp[c_2(\lambda T_{90})^{-1}] - 1}$$

$$(1-63)$$

式中，$T_{90}(x)$ 是指下列各固定点中任一个：银凝固点 $[T_{90}(Ag) = 1234.93K]$，金凝固点 $[T_{90}(Au) = 1337.33K]$ 或铜凝固点 $[T_{90}(Cu) = 1357.77K]$；$L_\lambda(T_{90})$ 和 $L_\lambda[T_{90}(x)]$ 是在（真空中的）波长 λ，温度分别为 T_{90}、$T_{90}(x)$ 时黑体辐射的光谱辐射亮度；$c_2 = 0.014388m \cdot K$。

表1-4 为 ITS-90 定义固定点。

表1-4　ITS-90 定义固定点

序号	物质平衡状态	温度值		$W_r(T_{90})$
		T_{90}/K	$T_{90}/℃$	
1	氦蒸汽压点（V）	3~5	-270.15~268.15	
2	平衡氢三相点（T）	13.8033	-259.3467	0.00119007
3	平衡氢蒸汽压点（或氦气体温度计点）（V 或 G）	~17	~-256.15	
4	平衡氢蒸汽压点（或氦气体温度计点）（V 或 G）	~20.3	~-252.85	
5	氖三相点（T）	24.5561	-248.5939	0.00844974
6	氧三相点（T）	54.3584	-218.7916	0.09171804
7	氩三相点（T）	83.8058	-189.3442	0.21585975
8	汞三相点（T）	234.3156	-38.8344	0.84414211
9	水三相点（T）	273.16	0.01	1.0000000
10	镓熔点（M）	302.9146	29.7646	1.11813889
11	铟凝固点（F）	429.7485	156.5985	1.60980185
12	锡凝固点（F）	505.078	231.928	1.89279768
13	锌凝固点（F）	692.677	419.527	2.56891730
14	铝凝固点（F）	933.473	660.323	3.37600860
15	银凝固点（F）	1234.93	961.78	4.28642053
16	金凝固点（F）	1337.33	1064.18	
17	铜凝固点（F）	1357.77	1084.62	

注：V：蒸汽压点；T：三相点，在此温度下，固、液和蒸汽相呈平衡；G：气体温度计点；M，F：熔点和凝固点，在 101324Pa 压力下，固、液相的平衡温度。

7. 电阻温度计(resistance themometer)【JJF 1007,4.6】

电阻温度计是指利用导体或半导体的电阻随温度变化的特性测量温度的元件或仪器。常用的电阻材料有:铂、铜、镍及半导体材料等。

广义来讲,一切随温度变化而物体性质亦发生变化的物质均可作为温度传感器,但是,一般真正能作为实际中可使用的温度传感器的物体一般需要具备以下条件:

(1)物体的特性随温度的变化有较大的变化,且该变化量易于测量;

(2)对温度的变化有较好的——对应关系,即对除温度外其他物理量的变化不敏感;

(3)性能比较稳定、重复性好,尺寸小;

(4)有较强的耐机械、化学及热作用等特点。

由于金属铂在氧化性介质或高温中有较好的物理和化学稳定性,因此,利用铂制做的铂热电阻温度传感器有较高的准确度,它不仅作为工业上的测温元件,也可作为复现热力学温标的基准和标准。

8. 铂热电阻的结构及引线接法

铂热电阻是利用铂丝的电阻值随温度的变化而变化这一基本原理设计和制作的。

在0℃时的电阻名义值为10Ω 的铂热电阻,其分度号为Pt10。

在0℃时的电阻名义值为25Ω 的铂热电阻,其分度号为Pt25。

在0℃时的电阻名义值为100Ω 的铂热电阻,其分度号为Pt100。

在0℃时的电阻名义值为1000Ω 的铂热电阻,其分度号为Pt1000。

感温元件骨架的材质是决定铂热电阻使用温度范围的主要因素。常见的感温元件有陶瓷元件、玻璃元件和云母元件,它们是由铂丝分别绕在陶瓷骨架、玻璃骨架和云母骨架上,再经过复杂的工艺加工而成。陶瓷元件适用于850℃以下温区,玻璃元件适用于660℃以下温区,云母元件一般经常用于420℃以下温区。

铂热电阻温度传感器的准确度与铂丝的纯度有关,通常用电阻比 R_{100}/R_0 来衡量铂丝的纯度,IEC60751 规定 $R_{100}/R_0 = 1.3851$。

铂热电阻引线的连接方式主要有三种:

(1)二线制。在热电阻的两端各连接一根导线来引出电阻信号的方式称为二线制。这种引线方法很简单,但由于连接导线必然存在引线电阻,引线电阻的大小与导线的材质和长度等因素有关,因此,这种引线方式只适用于测量准确度较低的场合。

如图 1-4 所示的二线制接法,将会把接触电阻和引线电阻(R_4 与 R_5)引入桥臂,对测温的准确度产生影响。

(2)三线制。在热电阻的根部的一端连接一根引线,根部的另一端连接两根引线的方式称为三线制。这种方式通常与电桥配套使用,是一种最实用又能较精确测温的方式,如图 1-5 所示,其中,R_4、R_5 和 R_6 为连线和接触电阻。由于采用三线制接法,调整 R_1 即可使包括 R_5 在内的电桥平衡,而 R_4 可通过 R_6 抵消,在工业上常用这种接法进行精密温度测量。

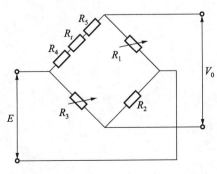

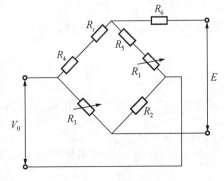

图 1-4　普通电桥法则测量电路　　　　　　图 1-5　三线制接法

（3）四线制。在热电阻的根部两端各连接两根导线的方式称为四线制。如图 1 - 6 所示,这种引线方式可完全消除引线的电阻影响,主要用于高准确度的温度测量。标准铂电阻温度计全部采用四线制。

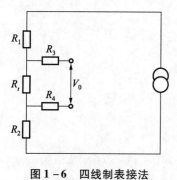

图 1 - 6　四线制表接法

9. 铂热电阻的电阻值 R_t 与温度 t 的关系

根据 IEC 60751,在 0℃ ~ 850℃ 的温度范围,铂电阻的阻值 R_t 与温度 t 的关系式为

$$R_t = R_0 (1 + at + bt^2) \tag{1 - 64}$$

式中: R_t——温度为 t℃时铂热电阻的电阻值;

R_0——0℃时 Pt 的阻值, 如: $R_0 = 1000\Omega$;

t——摄氏温度, 其范围为 0℃ ~ 850℃ ;

a——常数, $a = 3.9083 \times 10^{-3}$℃$^{-1}$;

b——常数, $b = -5.775 \times 10^{-7}$℃$^{-2}$ 。

三、焓与热量

1. 物态方程及与其有关的物理量

若物体 A 分别与物体 B 和 C 处于热平衡, 那么, 如果让 B 与 C 热接触, 它们一定也处于热平衡, 这就是热平衡定律。热平衡定律是经验的总结。根据热平衡定律, 引入了热力学系统平衡态的一个态函数——温度。温度的最基本性质是:一切互为热平衡的物体的温度相等。

温度与独立状态参量之间的函数关系称为物态方程。普遍而言, 若令 ($x_1, x_2, \cdots, x_n$) 代表描写系统平衡态的独立状态参量, 则物态方程可以可以由式 (1 - 65) 或式 (1 - 66) 表示

$$T = f(x_1, x_2, \cdots, x_n) \tag{1 - 65}$$

或

$$g(x_1, x_2, \cdots, x_n, T) = 0 \tag{1 - 66}$$

与物态方程有关的物理量有:

（1）膨胀系数 α, 其定义为

$$\alpha \equiv \frac{1}{V} \left(\frac{\partial V}{\partial T} \right)_p \tag{1 - 67}$$

式中, α 代表在压力不变的条件下体积随温度的相对变化率。括号外面的 p 表示在求微商时把 V 作为 T 和 p 的函数而保持 p 不变。

（2）压力系数 β, 其定义为

$$\beta \equiv \frac{1}{p} \left(\frac{\partial p}{\partial T} \right)_V \tag{1 - 68}$$

式中, β 代表在体积不变的条件下压力随温度的相对比变化率。

（3）等温压缩系数（亦简称为压缩系数） κ_T, 其定义为

$$\kappa_T \equiv -\frac{1}{V} \left(\frac{\partial V}{\partial p} \right)_T \tag{1 - 69}$$

式中, κ_T 代表在温度不变的条件下体积随压力的相对变化率。定义式中的负号是因为 $\left(\frac{\partial V}{\partial p} \right)_T < 0$, 这样定义使 κ_T 是正的 ($\kappa_T > 0$)。

以上 3 个系数 α、β 与 κ_T 之间满足下面的关系

$$\alpha = \kappa_T \beta p \tag{1 - 70}$$

式（1-70）可以用下面的偏微商公式导出

$$\left(\frac{\partial V}{\partial T}\right)_p \left(\frac{\partial T}{\partial p}\right)_V \left(\frac{\partial p}{\partial V}\right)_T = -1 \tag{1-71}$$

这个恒等式很有用，由于3个变量 V，T 和 p 之间存在着函数关系，那么，可以把 V 看成是 T 与 p 的函数，也可以把 T 看成是 p 与 V 的函数，还可以把 p 看成是 V 与 T 的函数。

式（1-71）可以改成

$$\left(\frac{\partial V}{\partial T}\right)_p = -\left(\frac{\partial V}{\partial p}\right)_T \left(\frac{\partial p}{\partial T}\right)_V \tag{1-72}$$

若知道了物态方程，可以从 α、β 与 κ_T 的定义式求出它们。另一方面，由式（1-70）可知，3个量 α、β 与 κ_T 中只需要知道两个就可以确定第三个。实验上通常是测量 α 与 κ_T，因为 β 虽然也可以直接测量，但在实验上保持体积不变比保持 T 或 p 不变要困难一些，如果测量出 α 与 κ_T，原则上就确定了物态方程。

2. 准静态过程和特殊非准静态过程的功

（1）准静态过程的功

过程就是系统状态随时间的变化。一个过程，若在它进行中的每一步系统都处于平衡态，这样的过程称为准静态过程。准静态过程是一类理想化的过程，显然，实际过程不可能是严格意义下的准静态过程。外界条件的变化会引起系统状态变化，而系统状态变化一定会破坏原有平衡。尽管如此，如果外界条件变化得足够缓慢，使过程进行的速度趋于零时，这个过程就趋于准静态过程。如流体体积变化过程，考虑盛于带有活塞的圆筒内的流体（气体或液体），设活塞和筒壁的摩擦阻力可以忽略，当流体的体积变化 dV 时，外界对系统所做的微功为

$$đW = -pdV \tag{1-73}$$

我们约定，上式的 $đW$ 代表外界对系统所做的微功（注意公式中有负号）。若令 dW 代表系统对外界所做的微功，则有

$$dW = -đW = pdV \tag{1-74}$$

显然，当流体被压缩时（$dV<0$），外界对系统所做的功为正；当流体膨胀时（$dV>0$），外界做功为负。由于是准静态过程（只限于讨论无摩擦阻力情况），式中的压力就是流体自身的压力。

对体积从 V_1 变到 V_2 的有限过程，外界对系统所做的功是对式（1-73）取积分，即

$$W = -\int_{V_1}^{V_2} pdV \tag{1-75}$$

以压力为纵坐标轴，体积为横坐标轴构成的空间，称为状态空间，也称 $p-V$ 空间。$p-V$ 空间中任何一点代表系统的一个平衡态；一条曲线代表一个准静态过程。图1-7(a)表示从态1到态2的一个准静态过程，曲线下的面积等于 $-W$。显然，连接态1与态2两点的不同曲线下的面积一般也不同，说明功与过程有关。正因为功是与过程有关的量，微功特意用 $đW$ 表示，以区别全微分符号"d"。

图1-7(b)显示了一个循环过程：从态1经过过程I到达态2，在经过过程II回到态1，闭合曲线中的面积等于在此循环过程中外界对系统所做的功取负值，即 $-W$。

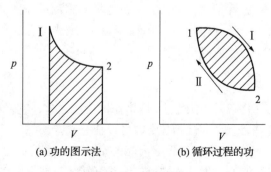

(a) 功的图示法　　(b) 循环过程的功

图1-7　状态空间

（2）特殊非静态过程的功

考虑流体及各向同性固体。在非静态过程中，外界对系统所做的功仍然等于作用力与位移的乘积，但是在非静态过程中，系统各部分的性质一般是非均匀的，而且还可能随时间变化，外界对系统的作用力一般说既与位置有关，也与时间有关，因此，功不能用简单公式表达。但在等容过程和等压过程，功却很容易求得。

① 等容过程

即体积不变过程。由于系统与外界没有相对位移，即使有作用力，外界对系统也没有做功，故 $W = 0$。无论系统内部发生何种剧烈复杂的变化（例如，发生了剧烈的化学反应过程，温度、压力各处不均匀，等等），$W = 0$ 的结果仍然保持。

② 等压过程

等压过程是指外界压力维持恒定，即 $p_{ex} =$ 常数。当系统的体积发生变化，从 V_1 变到 V_2 时，外界对系统所做的功为

$$W = -p_{ex}(V_2 - V_1) = -p_{ex}\Delta V \tag{1-76}$$

其中，$\Delta V = V_2 - V_1$ 是等压过程中系统体积的改变。进一步，如果系统的初、终态的压力相等，并等于外压力 p_{ex}，即

$$p_1 = p_2 = p_{ex} \equiv p \tag{1-77}$$

则功为

$$W = -p(V_2 - V_1) = -p\Delta V \tag{1-78}$$

式（1-78）中的压力是系统初、终态的压力。注意，式（1-78）只要求外界的压力恒定且等于系统初、终态的压力，并不要求系统内部在整个等压过程中的压力也等于 p，甚至允许系统在过程中内部各处压力不相等。这一情况在研究化学反应时很重要，因为那时的实际情况是在过程进行中间系统内部的压力不均匀。

3. 内能

内能是系统平衡态的一个态函数，它的确定是以焦耳的热功当量实验为基础的。他把工作物质（水或气体）装在不传热的容器里，用各种不同的方法（如搅拌、撞击、压缩等机械方法，以及电加热方法）使工作物质的温度升高，也就是改变系统的平衡态。上述这些过程中外界没有传热给系统，系统状态的改变只是通过外界对系统做机械功或电磁功，这类过程称为绝热过程。上述实验可以总结为下面的普遍规律：

当系统由某初态（态1）经过各种不同的绝热过程到终态（态2）时，外界对系统所做的绝热功都相等。

也就是说，对初、终态为平衡态的系统，外界对系统所做的绝热功（W_a）只与初态与终态有关，而与中间过程无关。据此，可以用绝热过程的功值 W_a 来定义一个态函数内能 U，让内能在终态与初态之间的差值等于 W_a，即

$$U_2 - U_1 = W_a \tag{1-79}$$

式（1-79）中确定了两个态的内能之差，它允许内能包含一个任意相加常数，也就是说，内能的绝对值并无意义，该相加常数可以任意选择。

式（1-79）既是内能的定义式，也是热力学第一定律对绝热过程的表达形式，它代表了机械能或电磁能通过做功与内能之间相互转化且守恒的关系。

下面将式（1-79）推广到非绝热过程，在这种普遍的过程中，外界既可以对系统做功，系统也可以从外界吸收热量。令从初态1到终态2的过程中，外界对系统所做的功为 W，系统从外界所吸收的热

量为 Q，由于终态与初态的内能差是确定的，热量可由下式确定

$$Q = U_2 - U_1 - W \tag{1-80}$$

式（1-80）中的（$U_2 - U_1$）已由式（1-79）完全确定，故式（1-80）给出了热量 Q 的定义，也说明了怎样由内能和功计算热量。式（1-80）也可以表达为

$$U_2 - U_1 = Q + W \tag{1-81}$$

式（1-81）是热力学第一定律的数学表述，它表示系统内能的增加等于系统从外界吸收的热量与外界对系统所做的功之和。热量与功是能量转化的两种形式，通过它们，实现了外界与系统的能量转化，并在转化中保持数量不变。

式（1-79）与式（1-81）只要求系统的初、终态为平衡态，至于过程中所经历的各个状态，并没有限制，它们可以是平衡态，也可以是非平衡态。

式（1-81）是对有限变化的过程，对无穷小变化，公式化为

$$dU = đQ + đW \tag{1-82}$$

式中，由于内能 U 是态函数，内能的微商用 dU 表示，它是全微分（或完整微分）。但 Q 与 W 都是与过程有关的量，它们都不是态函数，故微热量与微功都不是全微分。为了强调这个区别，特别用 "đ" 而不用 "d"。不过微热量与微功二者之间之和，即 $đQ + đW$，是全微分，另外，只要指定某特定的过程，微热量与微功分开各自也是全微分，例如定容过程，定压过程等。

当系统处于非平衡态时，其内部各部分的性质可能不同，这时，需要将系统分成许多宏观小微观大的小块，对每一小块可以用状态变量描述（称为局域平衡近似）。一般而言，小块还可以运动。对一个小块，式（1-82）可以推广为

$$dU + dE_k = đQ + đW \tag{1-83}$$

式中，$E_k = \frac{1}{2}Mv^2$ 为小块的动能，M 为小块的质量，v 为小块的速度。

4. 热容与焓
热容的定义是

$$C_y \equiv \frac{đQ_y}{dT} \tag{1-84}$$

式中，$đQ_y$ 是使物体在温度升高 dT 时所吸收的微热量。由于热量与过程的性质有关，特意用下标 y 表示。y 可以代表吸收过程中某一状态变量不变（如等容过程中 $y = V$ 不变，等压过程中 $y = p$ 不变等）。

考虑 $p - V - T$ 系统（包括气体、液体及各向同性固体）。对这类系统，最重要的过程是等容过程与等压过程，相应的热容是定容热容与定压热容。

当系统的体积不变时，外界对系统不做功，故有

$$đQ_V = dU \tag{1-85}$$

代入式（1-84），得定容热容

$$C_V = \left(\frac{\partial U}{\partial T} \right)_V \tag{1-86}$$

当系统的压力不变时，外界对系统所做的微功为 $đW = -pdV$，则有

$$đQ_p = dU - đW = dU + pdV \tag{1-87}$$

代入式（1-84），得定压热容

$$C_p = \left(\frac{\partial U}{\partial T}\right)_p + p\left(\frac{\partial V}{\partial T}\right)_p \tag{1-88}$$

应该注意，C_v 与 C_p 都是态函数，这一点从式（1-86）与式（1-88）中可以清楚看出，因为两式右边是内能以及物态方程的微商。内能与物态方程都是态函数，它们的微商当然也是态函数。如果从定义式（1-84）看，虽然一般而言的 dQ 与过程有关，但当指定过程以后，dQ 就不再是过程量，而只是初态有关了。

现在引入一个新的态函数 H，称为系统的焓，其定义为

$$H \equiv U + pV \tag{1-89}$$

则式（1-88）可以简写为

$$C_p = \left(\frac{\partial H}{\partial T}\right)_p \tag{1-90}$$

同时，式（1-87）可改写为

$$dQ_p = dH \tag{1-91}$$

对有限变化的等压过程，有

$$Q_p = \Delta H \tag{1-92}$$

虽然焓是从讨论等压过程引入的，但焓作为系统的态函数，并不依赖于等压过程，这可以从定义式（1-89）清楚看出。焓的一个重要性质是：在等压过程中物体从外界吸收的热量等于物体焓的增加值。

第二节　热量表的术语和定义

一、国家计量检定规程中列入的术语和定义

1. 热量表 heat meter【JJG 225，3.1】
热量表是测量和显示载热液体经热交换设备所吸收（供冷系统）或释放（供热系统）热能量的仪表。

2. 组合式热量表 combined heat meter【JJG 225，3.1.1】
由独立的流量传感器、配对温度传感器和计算器组合而成的热量表。

3. 一体式热量表 complete heat meter【JJG 225，3.1.2】
由流量传感器、配对温度传感器和计算器组成，而组成后全部或部分不可分开的热量表。

4. 热量表的组成部件 sub-assemblies of a heat meter【JJG 225，3.2】
包括流量传感器、配对温度传感器和计算器等。

5. 流量传感器 flow sensor【JJG 225，3.2.1】
在热交换系统中用于产生并可发出载热液体的流量信号的部件，该信号是载热液体体积流量或质量流量的函数。

6. 配对温度传感器 temperature sensor pair【JJG 225，3.2.2】
用于采集载热液体在热交换系统的入口和出口的温度信号的部件。

7. 计算器 calculator【JJG 225，3.2.3】
用于接收流量和温度的信号，并进行计算、累积、存储和显示热交换系统中所交换的热量的热量表部件。

8. 标称运行条件 rated operating conditions【JJG 225，3.3】
包括温度范围限、温差限、流量限、热功率上限、最大允许工作压力和最大压损等。

9. 温度范围限 limits of temperature range 【JJG 225, 3.3.1】

包括温度范围上限和温度范围下限等。

10. 温度范围上限 (θ_{max}) upper limit of the temperature range 【JJG 225, 3.3.1.1】

流经热量表的载热液体的最高允许温度, 热量表在此温度下运行不超过最大允许误差。

11. 温度范围下限 (θ_{min}) lower limit of the temperature range 【JJG 225, 3.3.1.2】

流经热量表的载热液体的最低允许温度, 热量表在此温度下运行不超过最大允许误差。

12. 温差限 limits of temperature difference 【JJG 225, 3.3.2】

包括温差、温差上限和温差下限等。

13. 温差 ($\Delta\theta$) temperature difference 【JJG 225, 3.3.2.1】

热交换系统中载热液体的入口温度和出口温度之差。

14. 温差上限 ($\Delta\theta_{max}$) upper limit of the temperature difference 【JJG 225, 3.3.2.2】

最大允许温差, 热量表在此温差和热功率上限内运行不超过最大允许误差。

15. 温差下限 ($\Delta\theta_{min}$) lower limit of the temperature difference 【JJG 225, 3.3.2.3】

最小允许温差, 热量表在此温差运行不超过最大允许误差。

16. 流量限 limit of flow – rate 【JJG 225, 3.3.3】

包括流量上限、常用流量和最小流量等。

17. 流量上限 (q_s) upper limit of the flow – rate 【JJG 225, 3.3.3.1】

热量表的最大流量, 在此流量下短期运行 (<1h/天及 <200h/年) 不超过最大允许误差。

18. 常用流量 (或额定流量) (q_p) permanent flow – rate 【JJG 225, 3.3.3.2】

热量表的最大流量, 在此流量下连续运行不超过最大允许误差。

19. 最小流量 (q_i) lower limit of the flow – rate 【JJG 225, 3.3.3.3】

热量表的最小流量, 在此流量下连续运行不超过最大允许误差。

20. 热功率上限 upper limit of the thermal power 【JJG 225, 3.3.4】

热量表的最大热功率, 在此热功率下运行不超过最大允许误差。

21. 最大允许工作压力 maximum admissible working pressure (MAP) 【JJG 225, 3.3.5】

热量表在其上限温度下运行可持久承受的最大正压力。

22. 最大压损 Δp maximum pressure loss 【JJG 225, 3.3.6】

热量表在额定流量下运行时, 载热液体流过热量表允许产生的压力降低值。

23. 总量检定 complete verification 【JJG 225, 3.4】

对热量表的流量计、配对温度传感器和计算器整体的热量值直接进行测量并同时测量流量、温度及温差的检定方法称为总量检定。

24. 分量组合检定 combined verification 【JJG 225, 3.5】

将热量表的流量计单独检定, 对温度传感器与计算器组合温度、温差及热量值进行测量的检定方法称为分量组合检定。

二、行业标准中列入的部分术语和定义

1. 冷量表 cooling meter 【CJ128, 3.4】

用于计量冷量的热量表, 流体介质温度为2℃~30℃, 温差不大于20K。

2. 冷热量表 meter for heating and cooling 【CJ128, 3.5】

能够分别计量和记录热量和冷量的热量表。

3. 温度传感器 temperature sensor 【CJ128, 3.7】

安装在热交换系统中, 用于采集水的温度并发出温度信号的部件。

4. 累积流量 total volume【CJ128，3.17】

流经热量表水的体积或质量的总和。

三、欧洲标准中列入的部分术语和定义

1. 响应时间 $\tau_{0.5}$【EN 1434 - 1，4.1】

从突变引起流量或温度变化的时刻到响应达到 50% 阶跃值的时刻之间的时间差。

2. 快速反应表【EN 1434 - 1，4.2】

适用于热量交换时具有快速动态变化的热量交换系统。

3. 额定电压 U_n【EN 1434 - 1，4.3】

热量表运行所需的外部电源电压，通常指交流电电压。

4. 额定工作条件【EN 1434 - 1，4.4】

影响因素在规定的取值范围内的仪表使用条件，在该条件下仪表的每一个计量特性都在规定的最大允许误差范围内。

5. 参考条件【EN 1434 - 1，4.5】

影响因素在规定的取值范围内的仪表使用条件，在该条件下能保证对检测结果进行有效的内部比较。

6. 影响因素【EN 1434 - 1，4.6】

不是测量对象，而是对测量结果或测量设备显示值造成影响的因素。

7. 影响量【EN 1434 - 1，4.7】

在额定工作条件下，影响因素的数值。

8. 干扰【EN 1434 - 1，4.8】

在额定工作条件外的影响因素的数值。

9. 示值误差【EN 1434 - 1，4.9.1】

测量设备的显示值减去被测量的约定真值

10. 固有误差【EN 1434 - 1，4.9.2】

参考条件下确定的设备的示值误差。

11. 原始固有误差【EN 1434 - 1，4.9.3】

性能测试和耐用性测试之前定义的设备示值误差。

12. 耐用性误差【EN 1434 - 1，4.9.4】

原始固有误差和使用一段时间之后的固有误差的差值。

13. 最大允许误差（MPE）【EN 1434 - 1，4.9.5】

允许的误差极值（正误差或负误差）

14. 偏差【EN 1434 - 1，4.10.1】

仪表显示误差和固有误差的差值。

15. 暂时偏差【EN 1434 - 1，4.10.2】

仪表显示的瞬间变化，尚不能解释、记录和传输。

16. 明显偏差【EN 1434 - 1，4.10.3】

比最大允许误差的绝对值大的非暂时偏差。

17. 测量参考值（RVM）【EN 1434 - 1，4.11】

用于测量结果的比对而规定的流量、回水温度、温差的数值。

18. 约定真值【EN 1434 - 1，4.12】

量值，本欧洲标准认定的真值。

19. 仪表型号【EN 1434 – 1, 4.13】

具有相同的工作原理、结构和材料，但规格尺寸不同的同一系列的热量表或组件。

20. 电子装置【EN 1434 – 1, 4.14】

使用电子元件，执行指定功能的装置。

21. 电子元件【EN 1434 – 1, 4.15】

电子装置中的最小实物，使用空穴传导电子的半导体或在真空中进行电子传导的导体。

22. 温度传感器的限定浸入深度【EN 1434 – 1, 4.16】

在温度传感器浸没深度增加，温度显示不会发生变化时的最小浸没深度。

23. 自加热影响【EN 1434 – 1, 4.17】

把配对温度传感器中的任何一支以最小插入深度插入平均流速为 0.1m/s 的水中，使其连续能量消耗为 5mW 时，所得到的温度信号的增加。

24. 流动方向【EN 1434 – 1, 4.19】

流动方向分为入水和回水，入水是指向系统的方向，而回水是指从系统流出（入水/回水分别对应热量表的高温/低温，冷量表的低温/高温）。

25. 电脉冲【EN 1434 – 1, 4.20】

电信号（电压，电流或电阻）偏离初始值一定时间后又回到原始值。

26. 脉冲输出和输入装置【EN 1434 – 1, 4.21】

定义两种类型的脉冲装置：

a）脉冲输出装置；

b）脉冲输入装置。

两种装置都是流量传感器、计算器或辅助设备（如：终端显示或控制系统的输入装置）的功能部分。

27. 最大允许温度【EN 1434 – 1, 4.22】

在最大工作压力和短时流量（在整个寿命期内小于 200 小时）恒定的情况下，热量表所能承受的载热液体的最大温度。并且当温度达到最大温度时，不会产生明显偏差。

28. 长寿命流量传感器【EN 1434 – 1, 4.23】

设计寿命比普通流量传感器长，至少能够工作 5 年。

四、部分通用术语和定义

1. 流量范围 flow-rate range【JJF 1004, 1.13】

由最大流量和最小流量所限定的范围，在该范围内满足计量性能的要求。

2. 测量准确度 measurement accuracy【JJF 1001, 5.8】

被测量的测得值与其真值间的一致程度，简称准确度。

3. 准确度等级 accuracy class【JJF 1001, 7.26】

在规定工作条件下，符合规定的计量要求，使测量误差或仪器不确定度保持在规定极限内的测量仪器或测量系统的等别或级别。

4. 测量重复性 measurement repeatability【JJF 1001, 5.13】

在一组重复性测量条件下的测量精密度，简称重复性。

重复性测量条件是指相同测量程序、相同操作者、相同测量系统、相同操作条件和相同地点，并在短时间内对同一或相类似被测对象重复性测量的一组测量条件。

测量精密度是指在规定条件下，对同一或类似被测对象重复测量所得示值或测得值间的一致程度。测量精密度通常用不精密程度以数字形式表示，如规定测量条件下的标准偏差、方差或变差系数。

5. 仪表系数

仪表系数是指单位体积流体流过流量计时，流量计发出的信号脉冲数，或单位体积流量流过流量计时，流量计发出的脉冲频率。可用式（1－93）表示

$$K = \frac{N}{V} = \frac{f}{q_V}$$ 　　　　　　（1－93）

式中：K——流量计仪表系数，$1/m^3$ 或 $1/L$；

　　　N——流量计发出的信号脉冲数，次；

　　　V——通过流量计的流体体积，m^3；

　　　f——流量计发出的脉冲频率，Hz；

　　　q_V——通过流量计的体积流量，m^3/s。

6. 线性度

流量计的线性度是指在整个流量范围内的流量特性曲线与规定直线之间的一致程度，可用式（1－94）表示

$$E_L = \frac{K_{max} - K_{min}}{K_{max} + K_{min}} \times 100\%$$ 　　　　　（1－94）

式中：　E_L——流量计的线性度；

　K_{max}，K_{min}——流量范围内各测量点仪表系数的最大值和最小值。

7. 压力损失 pressure loss【JJF 1004，1.17】

由于管道中存在一次装置而产生的不可恢复的压力降。

8. 流量计误差特性曲线 error performance curve of flowmeter【JJF 1004，1.5】

表示流量计流量与误差关系的曲线，是被测量和影响测量误差的其他量的函数。流量计误差特性曲线可以通过对流量计进行理论分析得到，而更为可靠的是对流量计进行检定得到，即在流量范围内进行一系列的实验得到。

第三节　热量表的分类和系列划分

一、热量表的分类

1. 按测量原理分

热量表按流量传感器测量原理不同，可分为机械式、超声波式、电磁式、涡街式等。

（1）机械式热量表

机械式热量表分为单流束和多流束两种。单流束表是水在表内从一个方向单股推动叶轮转动，表的磨损大，使用年限短；多流束表是水在表内从多个方向推动叶轮转动，表相对磨损小，使用年限长。叶轮分为两种形式：螺翼式和旋翼式。一般小口径热量表 DN15～DN40 使用旋翼式，大口径热量表 DN50～DN300使用螺翼式。

（2）超声波式热量表

流量传感器采用超声波测量原理的热量表统称为超声波式热量表。它的工作原理为利用超声波在流动的流体中顺流传播时间与逆流传播时间之差与被测流体的流速有关，求出流速。超声波热量表主要有两种形式：一种是直射式，也叫对射式，其工作原理是超声波换能器直接发射和接收信号确定流量；另一种是反射式，也叫对流式，其工作原理是超声波换能器通过反射板平面的反射速度确定流量。

（3）电磁式热量表

采用电磁式流量传感器的热量表统称电磁式热量表。这种类型的热量表因测量管内无可动部件，也无阻碍流体流动的节流部件，不会引起附加压力损失，可测量脏污、腐蚀性等介质，还具有测量范围宽的特点。但其成本较高，易受外界电磁干扰的影响，需外加电源。大口径热量表一般采用这种流量传感器。

（4）涡街式热量表

流量传感器采用卡门涡街测量原理测量流量的热量表称为涡街式热量表。它利用在流体中安放非流线型阻流体，流体在该阻流体下游两侧交替地分离释放出一系列漩涡，在给定流量范围内，漩涡的分离频率与流量成正比的原理，得到流体流量。涡街式热量表具有压力损失小，结构简单牢固，安装维护方便等特点。但其需要足够长的直管段，不适用于管内有较严重的旋转流和管道产生振动的场所。

（5）其他类型热量表（如射流式热量表等）

流量测量采用射流流量传感器的热量表称为射流式热量表。它利用流体进入射流计量腔内，由于射流的附壁效应和控制射流反馈原理，使流体在计量腔中发生振荡，射流振荡频率在一定的流量测量范围内与射流喷嘴的流速或流经管道的体积流量成正比的原理，得到流体流量。射流式热量表具有不结垢、不堵塞、自清洁、工作稳定可靠等特点。

2. 按基本结构分

根据组成热量表的三部分基本结构，可分为整体式热量表、组合式热量表和紧凑式热量表。

（1）整体式热量表

热量表的三个组成部分（计算器、流量传感器、温度传感器）中，有两个以上的部分在理论上（而不是形式上）不可分割地结合在一起。比如，机械式热量表当中的标准机芯式（无磁电子式）热量表的计算器和流量传感器是不能任意互换的，检定时也只能对其进行整体检测。

（2）组合式热量表

组成热量表的三个部分可以分离开来，并在同型号的产品中可以相互替换，检定时可以对各部件进行分体检测。

（3）紧凑式热量表

在型式评价、首次检定或出厂标定过程中可以看作组合式热量表，但在标定完成后，其组成部分必须按整体式热量表来处理。

3. 按使用功能分

热量表按使用功能可分为：用于采暖分户计量的热量表以及用于空调系统的冷量表和冷热量表。冷量表与热量表在结构和原理上是一样的，主要区别在传感器信号采集和运算方式上，也就是说，两种表的区别是程序软件的不同。

（1）热量表

是指测量和显示载热液体经热交换设备所释放（供热系统）热量的仪表。

（2）冷量表

用于计量低温时冷量的仪表，一般而言流体介质温度为 2℃～30℃，温差不大于 20K。由于空调系统的供水设计温差和实际温差都很小，因此，冷量表的程序采样和计算公式的参数与热量表不同。

（3）冷热量表

能够分别计量热量和冷量并将计量的能量值按热量和冷量分别记录在不同的存储器中的仪表。冷热量表的冷热计量转换是由程序软件完成的，当供水温度高于回水温度时，为供热状态，这时冷热量表计量的是供热量；当供水温度低于回水温度时，是制冷状态，冷热量表自动转换为计量制冷量。

4. 按使用环境条件分

热量表的使用环境条件分为四个类别，见表 1-5。

表 1-5　环境条件表

环境条件	环境类别			
	A	B	C	D
温度/℃	5~55	-25~55	5~55	-25~55
湿度/% RH	<93	<93	<93	≥93
安装地点	建筑内	建筑外	工业环境	可能被水浸泡的环境
磁场范围	普通磁场	普通磁场	磁场强度较高	普通磁场

二、热量表系列划分的原则

1. 工作原理相同

热量表一般由流量传感器、配对温度传感器和计算器三部分组成。

① 流量传感器。主要是指流量传感器的工作原理应相同，如机械式、超声波式、电磁式等。

② 配对温度传感器。一般采用铂电阻温度计，如采用 Pt100、Pt500 或 Pt1000 的均认为是同一系列；如果采用其他类型的温度传感器则不认为是同一系列。

③ 计算器。采用同一电路图。电路板形状、显示用液晶尺寸可以不相同，微处理器必须是同一系列但可以是不同型号。

2. 准确度等级相同

热量表的准确度等级根据流量传感器的误差限不同分为 1 级、2 级和 3 级。同一系列热量表准确度应相同。

3. 流量比可以不相同

同一系列热量表流量比最多为两种，且在系列产品中分为上、下两段，不能间隔变化。

4. 环境类别可以不相同

环境类别在系列产品中最多为两类，且在系列产品中分为上、下两段，不能间隔变化。

三、热量表系列的一般划分

同系列热量表是一组不同规格的热量表，其中所有热量表都应具有下列特征：

（1）制造商相同；

（2）测量传感器部件几何相似；

（3）测量原理相同；

（4）常用流量 q_p 和最小流量 q_i 的比值最多为两种；

（5）准确度度等级相同；

（6）温度和温差范围相同；

（7）电子部件相同；

（8）设计和部件组装标准相似；

（9）对热量表性能至关重要的部件的材料相同。

四、系列划分具体应用

（1）热量表系列一般可划分为 DN15~DN50 和 DN65~DN200 两大系列；

（2）DN15~DN25、DN65~DN100 也是型式评价中常见的系列。

第四节　与热量表有关的技术文件

一、热量表国家计量检定规程

目前我国现行有效的热量表国家计量检定规程为 JJG 225—2001《热能表》，该规程参照采用国际法制计量组织 OIML R75《热能表》（草案），适用于热能表的首次检定、后续检定、使用中检定、定型鉴定及样机试验。

在修订报批的规程中适用范围为以水为介质的公称通径不大于 300mm 的热量表的首次检定、后续检定和使用中检查。

二、热量表国家标准

在报批的热量表国家标准中规定了热量表的术语和定义、技术特性、要求、试验方法、检验规则、标志、包装、运输和贮存，适用于使用介质为水的热量表的生产与检验。该标准的制定参照了欧洲标准 EN 1434—2007《热量表》，主要技术内容与 EN 1434 一致。

三、热量表行业标准

城镇建设行业标准 CJ 128—2007《热量表》。该标准是在我国首次制定的热量表标准 CJ 128—2000《热量表》的基础上修订的。最新版本的修订参照了欧洲标准 EN 1434—2007《热量表》，主要技术内容与 EN 1434 一致。

四、热量表（热能表）制造计量器具许可考核必备条件

技术规范 JJF 1434—2013《热量表（热能表）制造计量器具许可考核必备条件》适用于对热量表（热能表）生产企业的制造计量器具许可证考核、有效期满后的复查以及日常监督检查。该规范自 2014 年 1 月 25 日起实施。

五、热量表国际建议

OIML R 75 – 2002（E）《热量表》，共分 3 部分。

OIML R 75 – 1：2002（E）热能表　第 1 部分：通用要求

OIML R 75 – 2：2002（E）热能表　第 2 部分：型式批准试验和首次检定试验

OIML R 75 – 3：2002（E）热能表　第 3 部分：试验报告格式

六、热量表欧洲标准

EN 1434—2007《热量表》，共分 6 部分。

EN 1434 – 1：2007 热量表　第 1 部分：通用要求

该标准由 CEN/TC 176 热量表技术委员会起草，于 2007 年 1 月 7 日由 CEN 批准。

EN 1434 – 2：2007 热量表　第 2 部分：构造要求

该标准由 CEN/TC 176 热量表技术委员会起草，于 2007 年 1 月 7 日由 CEN 批准。

EN 1434 – 3：2008 热量表　第 3 部分：数据交换和接口

该标准由 CEN/TC 294 远程抄表技术委员会起草，于 2008 年 8 月 16 日由 CEN 批准。

EN 1434 – 4：2007 热量表　第 4 部分：型式批准试验

该标准由 CEN/TC 176 热量表技术委员会起草，于 2007 年 1 月 7 日由 CEN 批准。

EN 1434 – 5：2007 热量表　第 5 部分：首次检定试验

该标准由 CEN/TC 176 热量表技术委员会起草，于 2007 年 1 月 7 日由 CEN 批准。

　　EN 1434－6：2007 热量表　第 6 部分：安装、使用、运行监控和维护

该标准由 CEN/TC 176 热量表技术委员会起草，于 2007 年 1 月 7 日由 CEN 批准。

七、热量表检定装置行业标准

　　城镇建设行业标准 CJ 357—2010《热量表检定装置》。该标准对热量表检定装置的术语、构成原理、一般规定、技术要求、试验方法、检验规则及标志、包装、运输和贮存条件进行了规定。适用于流动介质为水，公称通径为 DN15mm～DN250mm，压力不大于 2.5MPa 的热量表检定装置。

第五节　　国家计量检定规程、国家标准与欧洲标准的差异

序号	内容	国家计量检定规程	国家标准	欧洲标准	说明
1	适用范围	适用于以水为介质的公称通径不大于 300mm 的热量表	用于使用介质为水，公称通径不大于 400mm 的热量表	对公称通径不大于 250mm 的热量表做了标准化规定	
2	术语	未规定	未规定	快速反应表：适用于热量交换时具有快速动态变化的热量交换系统。长寿命流量传感器：设计寿命比普通流量传感器长，至少能够工作 5 年	
3	准确度等级	没有指明准确度等级的提法，只表明：各等级热量表分为三级	直接表述为：热量表计量准确度分为三级	热量表准确度等级分为三级	检定规程、国家标准与欧洲标准各准确度等级对应的最大允许误差是一致的
4	单支温度传感器	单支温度传感器温度的偏差 E_θ：与 IEC 60751：2008 标准值之差不大于 2℃	每一只温度传感器应符合 JB/T 8622—1997 标准的 B 级，且应进行配对	配对温度传感器中单个温度传感器的电阻值对应的温度值与用 EN 60751 中方程（采用标准 A，B，C 值计算的温度值的差值不得大于 2K 以上	
5	复现性	未规定	未规定	在不同的地方或者不同的使用者，使用相同的热量表，在保持其他条件都相同的条件下，连续的测量应保持相近的结果。测量结果之间的差值应该不超过最大允许误差	

续表

序号	内容	国家计量检定规程	国家标准	欧洲标准	说明
6	重复性	未规定	热量表的重复性误差不得大于最大允许误差限	同样的条件下，使用相同的热量表连续测量得到结果应该接近。测量结果之间的差值应该不超过最大允许误差	
7	温度传感器最小浸入深度	未规定	未规定	温度传感器浸入深度超过温度传感器最小浸入深度后，其电阻值的变化对应的温度变化不得大于0.1K	
8	显示内容要求	应能显示热量、累积流量、载热液体入口温度、出口温度和温差	应显示热量、流量、累积流量、供回水温度、温差和累积工作时间	未规定	
9	使用模式时，累积流量值最低显示分辨力	使用模式时显示分辨力，不同口径热量表及冷量表的累积流量值的分辨力最低要求为：DN15～DN40：0.01m³；DN40～DN200：0.1m³	使用模式时，累积流量值最低显示分辨力应符合下列规定：DN15～DN25：0.01m³；DN32～DN400：0.1m³	未规定	
10	密封性试验	将安装热量表的管路充满温度为（50±5）℃水，然后关闭出水阀，同时将压力调节为热量表的最大允许压力，用目测法观察热量表10min，应无泄漏、渗漏或损坏	对热量表加载介质温度为温度上限减（5～15）℃，压力为最大工作压力的1.5倍的水，稳定30min后，不得损坏或渗漏	流量传感器应能承受下列条件、不会发生泄漏或被损坏：在水温为小于最大允许温度（10±5）K，水压为1.5倍的最大工作压力的条件下或在水温超出最大允许温度5K，水压等于最大工作压力的条件下持续0.5h	
11	常用流量与最小流量比	未规定	常用流量与最小流量比应为25，50，100，250。常用流量小于或等于10m³/h的热量表，常用流量与最小流量比不应小于50。最大流量和常用流量比不应小于2	常用流量和最小流量比取10，25，50，100，250	

序号	内容	国家计量检定规程	国家标准	欧洲标准	说明
12	最大温差与最小温差比	未规定	最大温差与最小温差比不应小于10。最小温差应为1K，2K，3K；冷量表的最小温差不应大于2K	温差上限和下限比不应小于10，但测冷量除外。供应商指定的下限应该是1，2，3，5或者10K。测热量时首选下限为3K。注意：温差小于3K时，应选用最高精度的测试设备	
13	环境类别	未规定	分为A（建筑内）、B（建筑外）、C（工业环境）、D（可能被水浸泡的环境）4个环境类别	分为A（家用，室内装置）、B（家用，室外装置）、C（工业装置）三个环境类别	国家标准与欧洲标准中同一类别的环境条件略有不同
14	总量检定法检定点	① $\Delta\theta_{min} \leqslant \Delta\theta \leqslant 1.2\Delta\theta_{min}$ 和 $0.9q_p \leqslant q \leqslant 1.0q_p$ ② $10℃ \leqslant \Delta\theta \leqslant 20℃$ 和 $0.1q_p \leqslant q \leqslant 0.11q_p$ ③ $35℃ \leqslant \Delta\theta \leqslant 45℃$ 和 $0.04q_p \leqslant q \leqslant 0.05q_p$（如果低于被检表的最小流量值，则按被检表最小流量值检定）	a）$\Delta\theta_{min} \leqslant \Delta\theta \leqslant 1.2\Delta\theta_{min}$ 和 $0.9q_p \leqslant q \leqslant q_p$；b）$10℃ \leqslant \Delta\theta \leqslant 20℃$ 和 $0.1q_p \leqslant q \leqslant 0.11q_p$；c）$(\Delta\theta_{max}-5) \leqslant \Delta\theta \leqslant \Delta\theta_{max}$ 和 $q_i \leqslant q \leqslant 1.1q_i$	a）$\Delta\theta_{min} \leqslant \Delta\theta \leqslant 1.2\Delta\theta_{min}$ 和 $0.9q_p \leqslant q \leqslant q_p$；b）$10K \leqslant \Delta\theta \leqslant 20K$ 和 $0.1q_p \leqslant q \leqslant 0.11q_p$；c）$(\Delta\theta_{max}-5K) \leqslant \Delta\theta \leqslant \Delta\theta_{max}$ 和 $q_i \leqslant q \leqslant 1.1q_i$	

第二章 热量表的工作原理和结构

第一节 热量表的工作原理

　　热量表是用于测量及显示水流经热交换系统所释放或吸收热能量的仪表。热量表将一对温度传感器分别安装在供热管网的进水管和回水管上，将流量传感器安装在进水管或回水管上，当水流经热量表的管道时，流量传感器采集流量信号，配对温度传感器给出表示温度高低的模拟信号，计算器采集来自流量传感器和温度传感器的信号，利用公式计算出热交换系统所消耗的热量。其组成如图2－1所示。

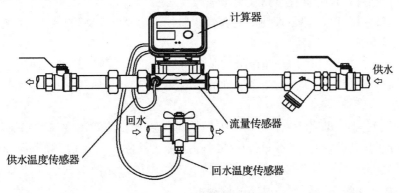

图2－1　热量表的组成

一、热量表的组成

　　热量表主要由流量传感器、配对温度传感器和计算器组成，如图2－2所示。

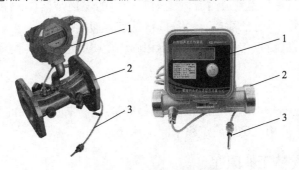

图2－2　热量表示意图

1—计算器；2—流量传感器；3—配对温度传感器

　　（1）流量传感器是安装在热交换系统中，用于采集水流量或质量的部件。其输出的信号与水的体积或质量成函数关系，或与水的瞬时体积流量或者瞬时质量流量成函数关系。

　　（2）配对温度传感器分别安装在进水管和回水管上，用来测量进回水的温度，其阻值大小与被测水温成函数关系。

　　（3）计算器用来采集流量传感器的流量信号及配对温度传感器的温度信号，并将其转换成流量及温度值，根据热量计算公式计算热量值。除上述功能外，计算器还具有显示、数据存储、数据通讯等基本功能。

二、流量传感器的工作原理

热量表按照流量传感器的结构和原理不同，可分为机械式、超声波式、电磁式等类型。

热量表流量传感器的工作原理与水表或流量计基本相同，但与水表相比热量表流量传感器的工作温度范围更宽，最宽的温度范围为 4℃ ~ 150℃，并且热量表安装使用环境中水质情况不同，因此并不是所有适用于水表或流量计的流量传感器都适用于热量表。

目前常用于热量表的流量传感器有：基于机械式测量原理的机械式流量传感器；基于超声波测量原理的超声波式流量传感器；基于法拉第电磁感应原理的电磁式流量传感器，等等。

1. 机械式流量传感器

机械式流量传感器主要是利用管道中的水流推动热量表的叶轮转动，水的流速与叶轮的转速成正比这一原理进行流量测量。机械式流量传感器根据结构的不同又分为旋翼式和螺翼式，其中旋翼式包括多流束式和单流束式，螺翼式包括垂直螺翼式和水平螺翼式。

一般口径为 DN15 ~ DN40 的热量表使用旋翼式；口径为 DN50 ~ DN300 的热量表使用螺翼式。

2. 超声波式流量传感器

超声波式流量传感器的工作原理是超声波的某项特性与液体的流速相关，通过检测超声波这一特性的变化来测量液体的流动速度的，根据测量原理的不同又分为：传播时间法；多普勒效应法；波速偏移法；相关法和噪声法等。

（1）传播时间法是利用超声波在流动流体中传播时，顺水流传播速度与逆水流传播速度差来计算流体流速的。根据检测速度差的方法不同，传播时间法又细分为：时差法、频差法和相位差法。

（2）多普勒法是利用声学多普勒原理，通过测量流体中散射体散射的超声波多普勒频移来确定流体流量的，适用于含悬浮颗粒、气泡等流体流量测量。

（3）波束偏移法是利用超声波束在流体中的传播方向随流体流速变化而产生偏移来反映流体流速的，低流速时灵敏度很低，适用性不大。

（4）相关法是利用相关技术来测量流量的。原理上此法的测量准确度与流体中的声速无关，因而与流体温度、浓度等无关，故测量准确度高、适用范围广，但相关器件价格较贵，线路比较复杂。

（5）噪声法（听音法）是利用管道内流体流动时产生的噪声与流体的流速有关的原理，通过检测噪声来测量流速或流量值的。其方法简单，设备价格便宜，但准确度低。

由于不同原理的超声波式流量传感器特点各不相同，使得其应用范围也不相同，目前应用于热量计量的超声波式流量传感器主要是基于传播时间法的。

3. 电磁式流量传感器

电磁式流量传感器测量的基本原理是法拉第电磁感应定律，即导电性的液体在流动时切割磁力线，会产生感应电动势，因此可应用电磁感应定律来测定流速。

三、配对温度传感器的工作原理

热量表中使用的配对温度传感器通常为铂电阻温度传感器，其阻值与温度成函数关系，通过测量铂电阻的阻值可以计算出温度值。

根据在 0℃ 时对应的阻值不同，温度传感器分为 Pt100、Pt500 及 Pt1000 三种类型，这三种形式的温度传感器在 0℃ 时对应的标准阻值分别为 100Ω、500Ω、1000Ω。在应用中对使用哪种温度传感器没有特殊要求，三种传感器自身的精度没有明显区别，但使用阻值较高的传感器可以降低导线对测量精度的影响，同时也可以降低计算器对温度采样时的功耗，因此，选择使用 Pt1000 作为热量表配对温度传感器的较多。

在热量计算中进回水的温度绝对值的精度对计算结果的影响很小，其影响主要体现在对水的密度的取值上，根据水的密度表，温度每差一度，对密度的影响不超过 0.1%。而进回水的温差是影响热量计量精度的关键，保证温差准确的基本方法是提高温度传感器的精度，但这样会大幅提高温度传感器的成本。配对温度传感器是将偏差相同或相近的两只温度传感器分别作为进回水温度传感器使用，这样既可以降低对温度传感器的精度要求又可以保证对温差的高精度测量。热量表中重点关注的是温度传感器的配对误差。

四、计算器的工作原理

热量表计算器主要由微处理器（单片机）、流量采集电路、温度采集电路、通讯电路、显示液晶、按键以及电源等组成。可实现对流量、温度数据的采集及转换，并完成包括热量在内的各种计量数据的计算、显示、存储、通讯等基本功能。图 2 – 3 为超声波式热量表所用的一种计算器。

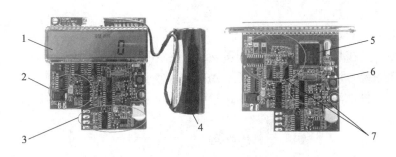

图 2 – 3　计算器的组成

1—显示液晶；2—通讯电路；3—温度采集电路；4—电源；
5—单片机；6—按键；7—流量采集电路

1. 流量采集电路

根据不同的流量传感器形式，计算器中的流量采集电路各不相同，对流量采集电路的具体介绍将结合不同形式的流量传感器在下面的流量传感器的章节中介绍。

2. 温度采集电路

就像对配对温度传感器精度的要求要严格一样，对温度采集电路的要求也很高，实际使用中要求温度的分辨率达到 0.01℃，相对于 0~100℃ 的变化范围，测温电路的分辨率至少要达到 1/10000。如果使用 AD 转换完成温度的采样，则 AD 的分辨率必须要达到 14 位的分辨率才能满足要求。使用其他方法对铂电阻采样，也需要达到等同于 14 位 AD 的转换精度的要求。

3. 微处理器（单片机）

目前多数热量表计算器的核心都采用微功耗单片机，集成了高精度 AD 转换模块、液晶驱动模块、时钟模块、通讯模块、数据存储模块等热量表计算器必需的基本功能，并且功耗极低，在待机状态单片机消耗的电流一般不超过 5μA。

微处理器作为整个计算器的核心，将流量及温度信号采样后根据与之对应的公式换算成标准的流量及温度值，再根据热量计算公式计算出最终的热量值。微处理器至少包括以下处理单元：流量测量、温度测量、热量计算、数据存储、数据显示、按键处理、电压检测以及数据通信等。

4. 热量计算公式

热量表不能直接测量系统消耗的热量，只能通过测量流量及温差再通过计算公式换算成供热系统消耗的热量。在各种标准中共引用了两个热量计算公式，一个是最基本的焓差法计算公式；另一个是在 EN 1434 中提到的 k 系数法计算公式。

（1）焓差法热量计算公式为

$$Q = \int_{\tau_0}^{\tau_1} q_m \Delta h dt \qquad (2-1)$$

式中：Q——是系统释放或吸收的热量；

q_m——流经热量表的水的质量流量；

Δh——在热交换系统进口和出口温度下水的焓值差 $\Delta h = h_f - h_r$；

t——时间。

上述公式计算热量时使用了进回水的焓差，因此该热量计算公式也称为焓差法。

（2）k 系数法的热量计算公式为：

$$Q = \int_{V_0}^{V_1} k \Delta \theta dV \qquad (2-2)$$

式中：Q——吸收或释放的热量；

V——流经热量表的水的体积；

k——热系数，是在相对应的温度和压强下水的性质的函数。

$\Delta \theta$——热交换系统入口和出口处的温度差 $\Delta \theta = \theta_f - \theta_r$。

热系数是压力 p、供水温度 θ_f 和回水温度 θ_r 等可测物理量的函数，并且满足方程（2-3）

$$k(p, \theta_f, \theta_r) = \frac{1}{\nu} \frac{h_f - h_r}{\theta_f - \theta_r} \qquad (2-3)$$

式中，ν 是比容，$\nu = \frac{1}{\rho}$；h_f、h_r 是比焓（f 代表 flow 进水；r 代表 return，回水）。ν、h_f、h_r 都可以根据水和水蒸气的热力学性质的工业标准（IAPWS-IF97）用国际温标 1990（ITS-90）进行计算，因此 k 系数也可以使用上述工业标准计算。在热量表检定规程和相关标准中都附有 k 系数表，可以方便地查阅。

（3）热量计算公式之间的关系

将热系数 k 的计算公式代入 k 系数法公式

$$Q = \int_{V_0}^{V_1} k \Delta \theta dV = \int_{V_0}^{V_1} \frac{1}{\nu} \frac{h_f - h_r}{\theta_f - \theta_r} \Delta \theta dV$$

由于 $\nu = \frac{1}{\rho}$，$\Delta \theta = \Delta \theta_f - \theta_r$，上述公式化为

$$Q = \int_{V_0}^{V_1} \frac{1}{\nu} \frac{h_f - h_r}{\theta_f - \theta_r} \Delta \theta dV = \int_{V_0}^{V_1} \rho \frac{h_f - h_r}{\theta_f - \theta_r} (\theta_f - \theta_r) dV = \int_{V_0}^{V_1} \rho (h_f - h_r) dV$$

又由于 $\Delta h = h_f - h_r$，所以最终热量的计算公式为

$$Q = \int_{V_0}^{V_1} \rho \Delta h dV$$

而焓值法公式为

$$Q = \int_{\tau_0}^{\tau_1} q_m \Delta h dt$$

因为质量 g/密度(ρ) = 体积(V)，所以

$$\int_{\tau_0}^{\tau_1} q_m dt = \int_{V_0}^{V_1} \rho dV$$

从上述推导可以看出焓差法公式与 k 系数法公式是完全等价的两个公式。

（4）焓差法公式在热量表中的使用方法

焓差法公式中共需要两个变量：质量流量 q_m 及焓值差 Δh，由于通常热量表使用的流量传感器都是计量体积流量的，因此还需知道流过流量传感器的水的密度 ρ，该密度可以通过水的焓值密度表求出，最终计算出质量流量。配对温度传感器测量出进回水水温后，可以根据水温查水的焓值密度表求出进回水的比焓 h_f、h_r，两者相减后即可得出焓值差。有了上述两个变量后就可以使用公式积分计算出热量值。

（5）k 系数法公式在热量表中的应用方法

在使用焓值法计算公式进行热量计算时计算器需要根据已知的进水温度、回水温度及体积流量，查三次表（分别查密度、进水比焓、回水比焓）才能最终求出热量值，而使用 k 系数公式时只需查一次表（查 k 系数）就可计算热量，因此 k 系数法的计算效率要高于一次焓差法。k 系数集中地表示了水的密度及焓值几个物理值，因此在实际使用中还需要注意正确的使用方法。

首先我们要看一下在冷热计量系统中 k 系数法的使用方法。冷热计量系统中要求热量表既可以计量冷量又可以计量热量。当供水温度低于回水温度，并且供水温度低于某一温度时则热量表进行冷量计量；当供水温度高于回水温度，并且供水温度高于某一温度时则热量表进行热量计量。由于供水温度既可能比回水温度高也可能比回水温度低，因此对应的 k 系数表除了要有供水温度高于回水温度的取值，还要有供水温度低于回水温度的取值。

在检定规程 JJG 225—2001 中给出的 k 系数表（热系数表）没有给出进口温度低于出口温度的参考值，使得很多人误认为用 k 系数法无法计算冷量。而使用欧洲标准 EN 1434-1 中给出的 k 系数计算公式，既可以计算出进水温度高于回水温度的 k 系数值，也可以计算出进水温度低于回水温度的 k 系数值。有了完整的 k 系数值后，就可以把 k 系数公式应用到冷热计量中，计算结果与焓值法相比不会有任何区别。

表 2-1 是 JJG 225—2001 中给出的 k 系数表的一部分，表 2-2 是使用 EN1434-1 中给出的 k 系数计算公式计算出来的与表 2-1 相对应的包含出口安装和入口安装的 k 系数表。

现在讨论一下当热量表分别安装在供水管道或回水管道上 k 系数取值的方法。k 值的计算公式为

$$k(p, \theta_f, \theta_r) = \frac{1}{\nu} \frac{h_f - h_r}{\theta_f - \theta_r} = \rho \frac{h_f - h_r}{\theta_f - \theta_r}$$

由于密度 ρ 随水温变化，当流量传感器安装在进水管道上时密度 ρ 就应该与进水水温对应，安装在回水管道上时密度 ρ 就应该与回水水温对应。因此，如果流量传感器安装位置不同，则 k 系数的值也应该不同。对应供水安装与回水安装的热量表 k 系数的计算公式分别为

$$k_f(p, \theta_f, \theta_r) = \rho_f \frac{h_f - h_r}{\theta_f - \theta_r} \tag{2-4}$$

$$k_r(p, \theta_f, \theta_r) = \rho_r \frac{h_f - h_r}{\theta_f - \theta_r} \tag{2-5}$$

如果热量表安装在供水管道，我们把供水管道称为安装管道，使用 i 表示，另外一个管道使用 j 表示，这种安装方式下 i 对应的是供水 f，j 对应的回水 r，则 k 系数公式变为

$$k_i(p, \theta_i, \theta_j) = \rho_i \frac{h_i - h_j}{\theta_i - \theta_j} \tag{2-6}$$

如果热量表安装在回水管道，这样回水管道就成了安装管道 i，供水管道变成 j，k 系数公式变为

$$k_i(p, \theta_i, \theta_j) = \rho_i \frac{h_j - h_i}{\theta_j - \theta_i} = \rho_i \frac{h_i - h_j}{\theta_i - \theta_j} \tag{2-7}$$

表 2-1 压力 p=0.6 MPa 时的热系数表（单位：kW·h/(m³·℃)），回水安装（摘自 JJG 225—2001）

出口温度/℃

进口温度/℃	94	93	92	91	90	89	88	87	86	85	84	83	82	81	80	79	78	77	76	75	74	73	72	71	70	69	68	67	66
95	1.125	1.126	1.126	1.127	1.128	1.128	1.129	1.129	1.130	1.131	1.131	1.132	1.133	1.134	1.134	1.135	1.136	1.136	1.137	1.137	1.138	1.139	1.139	1.140	1.140	1.141	1.141	1.142	1.143
94		1.126	1.127	1.127	1.128	1.128	1.129	1.129	1.130	1.131	1.131	1.132	1.133	1.134	1.134	1.135	1.135	1.136	1.137	1.137	1.138	1.139	1.139	1.140	1.140	1.141	1.141	1.142	1.142
93			1.126	1.127	1.127	1.128	1.128	1.129	1.130	1.130	1.131	1.132	1.133	1.133	1.134	1.134	1.135	1.136	1.137	1.137	1.138	1.138	1.139	1.139	1.140	1.141	1.141	1.142	1.142
92				1.126	1.127	1.128	1.128	1.129	1.130	1.130	1.131	1.132	1.133	1.133	1.134	1.134	1.135	1.136	1.136	1.137	1.138	1.138	1.139	1.139	1.140	1.141	1.141	1.142	1.142
91					1.127	1.127	1.128	1.129	1.129	1.130	1.131	1.131	1.132	1.133	1.134	1.134	1.135	1.136	1.136	1.137	1.138	1.138	1.139	1.139	1.140	1.141	1.141	1.142	1.142
90						1.128	1.128	1.129	1.129	1.130	1.131	1.131	1.132	1.133	1.133	1.134	1.135	1.136	1.136	1.137	1.137	1.138	1.139	1.139	1.140	1.140	1.141	1.142	1.142
89							1.128	1.128	1.129	1.130	1.130	1.131	1.132	1.132	1.133	1.134	1.135	1.135	1.136	1.137	1.137	1.138	1.139	1.139	1.140	1.140	1.141	1.141	1.142
88								1.129	1.129	1.130	1.131	1.131	1.132	1.132	1.133	1.134	1.135	1.135	1.136	1.137	1.137	1.138	1.138	1.139	1.140	1.140	1.141	1.141	1.142
87									1.129	1.130	1.130	1.131	1.132	1.132	1.133	1.134	1.134	1.135	1.136	1.136	1.137	1.138	1.138	1.139	1.139	1.140	1.141	1.141	1.142
86										1.130	1.130	1.131	1.131	1.132	1.133	1.133	1.134	1.135	1.136	1.136	1.137	1.137	1.138	1.139	1.139	1.140	1.141	1.141	1.142
85											1.130	1.130	1.131	1.132	1.133	1.133	1.134	1.135	1.135	1.136	1.137	1.137	1.138	1.138	1.139	1.140	1.140	1.141	1.142
84												1.131	1.131	1.132	1.133	1.133	1.134	1.135	1.135	1.136	1.137	1.137	1.138	1.138	1.139	1.140	1.140	1.141	1.142
83													1.131	1.132	1.132	1.133	1.134	1.134	1.135	1.136	1.137	1.137	1.138	1.138	1.139	1.139	1.140	1.141	1.141
82														1.132	1.132	1.133	1.134	1.134	1.135	1.136	1.136	1.137	1.137	1.138	1.138	1.139	1.140	1.141	1.141
81															1.132	1.133	1.134	1.134	1.135	1.136	1.136	1.137	1.137	1.138	1.138	1.139	1.140	1.141	1.141
80																1.133	1.133	1.134	1.135	1.135	1.136	1.137	1.137	1.138	1.138	1.139	1.140	1.141	1.141
79																	1.133	1.134	1.135	1.135	1.136	1.136	1.137	1.138	1.138	1.139	1.139	1.140	1.141
78																		1.134	1.134	1.135	1.136	1.136	1.137	1.137	1.138	1.139	1.139	1.140	1.141
77																			1.134	1.135	1.136	1.136	1.137	1.137	1.138	1.139	1.139	1.140	1.141
76																				1.135	1.135	1.136	1.136	1.137	1.138	1.138	1.139	1.140	1.141
75																					1.135	1.135	1.136	1.137	1.138	1.138	1.139	1.140	1.141
74																						1.136	1.136	1.137	1.137	1.138	1.139	1.140	1.141
73																							1.137	1.137	1.137	1.138	1.138	1.140	1.140
72																								1.137	1.137	1.138	1.139	1.139	1.140
71																									1.137	1.138	1.139	1.139	1.140
70																										1.138	1.139	1.139	1.140
69																											1.138	1.139	1.140
68																												1.139	1.140
67																													1.140

表2-2　压力 p=0.6MPa 时的完整热系数表（单位：kW·h/(m³·℃)），供水安装（根据 EN 1434-1 计算得出）

出口温度/℃ ＼ 进口温度/℃	94	93	92	91	90	89	88	87	86	85	84	83	82	81	80	79	78	77	76	75	74	73	72	71	70	69	68	67	66
95	1.125																												
94	1.125	1.126																											
93	1.125	1.126	1.126																										
92	1.125	1.126	1.126	1.127																									
91	1.125	1.125	1.126	1.127	1.127																								
90	1.125	1.125	1.126	1.126	1.127	1.128																							
89	1.125	1.125	1.126	1.126	1.127	1.127	1.128																						
88	1.124	1.125	1.125	1.126	1.127	1.127	1.128	1.129																					
87	1.124	1.125	1.125	1.126	1.126	1.127	1.128	1.129	1.130																				
86	1.124	1.125	1.125	1.126	1.126	1.127	1.128	1.129	1.129	1.130																			
85	1.124	1.125	1.125	1.126	1.126	1.127	1.128	1.128	1.129	1.130	1.131																		
84	1.124	1.125	1.125	1.126	1.126	1.127	1.127	1.128	1.129	1.130	1.130	1.131																	
83	1.124	1.124	1.125	1.125	1.126	1.127	1.127	1.128	1.129	1.129	1.130	1.131	1.132																
82	1.124	1.124	1.125	1.125	1.126	1.126	1.127	1.128	1.128	1.129	1.130	1.131	1.131	1.132															
81	1.124	1.124	1.125	1.125	1.126	1.126	1.127	1.127	1.128	1.129	1.130	1.130	1.131	1.132	1.133														
80	1.123	1.124	1.125	1.125	1.126	1.126	1.127	1.127	1.128	1.129	1.129	1.130	1.131	1.132	1.132	1.133													
79	1.123	1.124	1.124	1.125	1.125	1.126	1.127	1.127	1.128	1.129	1.129	1.130	1.131	1.131	1.132	1.133	1.134												
78	1.123	1.124	1.124	1.125	1.125	1.126	1.126	1.127	1.128	1.128	1.129	1.130	1.131	1.131	1.132	1.133	1.133	1.134											
77	1.123	1.124	1.124	1.125	1.125	1.126	1.126	1.127	1.128	1.128	1.129	1.130	1.130	1.131	1.132	1.132	1.133	1.134	1.134										
76	1.123	1.124	1.124	1.125	1.125	1.126	1.126	1.127	1.127	1.128	1.129	1.129	1.130	1.131	1.131	1.132	1.133	1.133	1.134	1.135									
75	1.123	1.123	1.124	1.124	1.125	1.125	1.126	1.127	1.127	1.128	1.129	1.129	1.130	1.130	1.131	1.132	1.132	1.133	1.134	1.135	1.135								
74	1.123	1.123	1.124	1.124	1.125	1.125	1.126	1.126	1.127	1.128	1.128	1.129	1.130	1.130	1.131	1.132	1.132	1.133	1.134	1.134	1.135	1.136							
73	1.123	1.123	1.124	1.124	1.125	1.125	1.126	1.126	1.127	1.127	1.128	1.129	1.129	1.130	1.131	1.131	1.132	1.133	1.133	1.134	1.135	1.136	1.136						
72	1.122	1.123	1.124	1.124	1.125	1.125	1.126	1.126	1.127	1.127	1.128	1.128	1.129	1.130	1.130	1.131	1.132	1.132	1.133	1.134	1.134	1.135	1.136	1.137					
71	1.122	1.123	1.123	1.124	1.124	1.125	1.125	1.126	1.127	1.127	1.128	1.128	1.129	1.130	1.130	1.131	1.131	1.132	1.133	1.133	1.134	1.135	1.135	1.136	1.137				
70	1.122	1.123	1.123	1.124	1.124	1.125	1.125	1.126	1.126	1.127	1.128	1.128	1.129	1.129	1.130	1.131	1.131	1.132	1.133	1.133	1.134	1.135	1.135	1.136	1.137	1.138			
69	1.122	1.123	1.123	1.124	1.124	1.125	1.125	1.126	1.126	1.127	1.127	1.128	1.129	1.129	1.130	1.131	1.131	1.132	1.132	1.133	1.134	1.134	1.135	1.136	1.137	1.138	1.139		
68	1.122	1.123	1.123	1.124	1.124	1.125	1.125	1.126	1.126	1.127	1.127	1.128	1.128	1.129	1.130	1.130	1.131	1.132	1.132	1.133	1.134	1.134	1.135	1.136	1.137	1.138	1.139	1.139	
67	1.122	1.123	1.123	1.123	1.124	1.124	1.125	1.126	1.126	1.127	1.127	1.128	1.128	1.129	1.130	1.130	1.131	1.131	1.132	1.133	1.133	1.134	1.135	1.136	1.137	1.138	1.139	1.139	1.140

表2-3 压力 p = 0.6MPa 时的通用热系数表（单位：kW·h/(m³·℃)，供水或回水安装（根据表2-2理论推导得出）

非安装管温度/℃	安装管温度/℃																												
---	66	67	68	69	70	71	72	73	74	75	76	77	78	79	80	81	82	83	84	85	86	87	88	89	90	91	92	93	94
95	1.143	1.142	1.141	1.141	1.140	1.140	1.139	1.138	1.138	1.137	1.137	1.136	1.136	1.135	1.134	1.134	1.133	1.132	1.132	1.131	1.131	1.130	1.129	1.129	1.128	1.127	1.127	1.126	1.125
94	1.142	1.142	1.141	1.141	1.140	1.140	1.139	1.139	1.138	1.137	1.137	1.136	1.136	1.135	1.134	1.134	1.133	1.132	1.132	1.131	1.130	1.130	1.128	1.128	1.128	1.127	1.126	1.126	1.125
93	1.142	1.142	1.141	1.141	1.140	1.139	1.139	1.138	1.138	1.137	1.137	1.136	1.135	1.135	1.134	1.134	1.133	1.132	1.132	1.131	1.130	1.130	1.128	1.128	1.127	1.127	1.126	1.126	1.125
92	1.142	1.142	1.141	1.141	1.140	1.139	1.139	1.138	1.138	1.137	1.136	1.136	1.135	1.135	1.134	1.133	1.133	1.132	1.131	1.131	1.130	1.130	1.129	1.128	1.127	1.127	1.126	1.126	1.125
91	1.142	1.142	1.141	1.141	1.140	1.139	1.139	1.138	1.137	1.137	1.136	1.136	1.135	1.134	1.134	1.133	1.133	1.132	1.131	1.130	1.130	1.129	1.129	1.128	1.127	1.127	1.126	1.125	1.125
90	1.142	1.142	1.141	1.140	1.140	1.139	1.139	1.138	1.137	1.137	1.136	1.136	1.135	1.134	1.134	1.133	1.132	1.132	1.131	1.130	1.130	1.129	1.129	1.128	1.127	1.126	1.126	1.125	1.125
89	1.142	1.141	1.141	1.140	1.140	1.139	1.138	1.138	1.137	1.137	1.136	1.135	1.135	1.134	1.133	1.133	1.132	1.132	1.131	1.130	1.130	1.129	1.128	1.128	1.127	1.126	1.126	1.125	1.124
88	1.142	1.141	1.140	1.140	1.139	1.139	1.138	1.138	1.137	1.136	1.136	1.135	1.135	1.134	1.133	1.133	1.132	1.131	1.131	1.130	1.129	1.129	1.128	1.128	1.127	1.126	1.126	1.125	1.124
87	1.142	1.141	1.140	1.140	1.139	1.139	1.138	1.137	1.137	1.136	1.136	1.135	1.134	1.134	1.133	1.132	1.132	1.131	1.131	1.130	1.129	1.129	1.128	1.127	1.127	1.126	1.125	1.125	1.124
86	1.141	1.141	1.140	1.140	1.139	1.139	1.138	1.137	1.137	1.136	1.135	1.135	1.134	1.134	1.133	1.132	1.132	1.131	1.130	1.130	1.129	1.129	1.128	1.127	1.126	1.126	1.125	1.125	1.124
85	1.141	1.141	1.140	1.140	1.139	1.138	1.138	1.137	1.137	1.136	1.135	1.135	1.134	1.133	1.133	1.132	1.131	1.131	1.130	1.130	1.129	1.128	1.128	1.127	1.126	1.126	1.125	1.124	1.124
84	1.141	1.141	1.140	1.140	1.139	1.138	1.138	1.137	1.136	1.136	1.135	1.135	1.134	1.133	1.133	1.132	1.131	1.131	1.130	1.129	1.129	1.128	1.128	1.127	1.126	1.125	1.125	1.124	1.124
83	1.141	1.141	1.140	1.139	1.139	1.138	1.138	1.137	1.136	1.136	1.135	1.134	1.134	1.133	1.132	1.132	1.131	1.130	1.130	1.129	1.129	1.128	1.127	1.127	1.126	1.125	1.125	1.124	1.123
82	1.141	1.141	1.140	1.139	1.139	1.138	1.138	1.137	1.136	1.136	1.135	1.134	1.134	1.133	1.132	1.132	1.131	1.130	1.130	1.129	1.128	1.128	1.127	1.126	1.126	1.125	1.125	1.124	1.123
81	1.141	1.141	1.140	1.139	1.139	1.138	1.138	1.137	1.136	1.136	1.135	1.134	1.134	1.133	1.132	1.131	1.131	1.130	1.130	1.129	1.128	1.128	1.127	1.126	1.126	1.125	1.124	1.124	1.123
80	1.141	1.140	1.140	1.139	1.139	1.138	1.137	1.137	1.136	1.136	1.135	1.134	1.134	1.133	1.132	1.132	1.131	1.130	1.130	1.129	1.128	1.128	1.127	1.126	1.126	1.125	1.124	1.124	1.123
79	1.141	1.140	1.140	1.139	1.139	1.138	1.137	1.137	1.136	1.135	1.135	1.134	1.134	1.133	1.132	1.131	1.131	1.130	1.130	1.129	1.128	1.127	1.127	1.126	1.126	1.125	1.124	1.124	1.123
78	1.141	1.140	1.140	1.139	1.138	1.138	1.137	1.137	1.136	1.135	1.135	1.134	1.134	1.133	1.132	1.131	1.131	1.130	1.130	1.129	1.128	1.127	1.127	1.126	1.125	1.125	1.124	1.124	1.123
77	1.141	1.140	1.140	1.139	1.138	1.138	1.137	1.136	1.136	1.135	1.135	1.134	1.133	1.133	1.132	1.131	1.131	1.130	1.129	1.128	1.128	1.127	1.126	1.126	1.125	1.124	1.124	1.123	1.123
76	1.140	1.140	1.140	1.139	1.138	1.138	1.137	1.136	1.136	1.135	1.135	1.134	1.133	1.133	1.132	1.131	1.131	1.130	1.129	1.128	1.128	1.127	1.126	1.126	1.125	1.124	1.124	1.123	1.122
75	1.140	1.140	1.139	1.139	1.138	1.138	1.137	1.136	1.136	1.135	1.134	1.134	1.133	1.132	1.132	1.131	1.130	1.130	1.129	1.128	1.128	1.127	1.126	1.125	1.125	1.124	1.124	1.123	1.122
74	1.140	1.140	1.139	1.138	1.138	1.137	1.137	1.136	1.136	1.135	1.134	1.134	1.133	1.132	1.132	1.131	1.130	1.130	1.129	1.128	1.127	1.127	1.126	1.125	1.125	1.124	1.123	1.123	1.122
73	1.140	1.140	1.139	1.138	1.138	1.137	1.137	1.136	1.135	1.135	1.134	1.133	1.133	1.132	1.132	1.131	1.130	1.130	1.129	1.128	1.127	1.127	1.126	1.125	1.124	1.124	1.123	1.123	1.122
72	1.140	1.139	1.139	1.138	1.138	1.137	1.137	1.136	1.135	1.135	1.134	1.133	1.133	1.132	1.131	1.130	1.130	1.129	1.129	1.128	1.127	1.127	1.126	1.125	1.124	1.124	1.123	1.123	1.122
71	1.140	1.139	1.138	1.138	1.138	1.137	1.136	1.136	1.135	1.135	1.134	1.133	1.133	1.132	1.131	1.130	1.130	1.129	1.128	1.128	1.127	1.127	1.126	1.125	1.124	1.124	1.123	1.122	1.122
70	1.140	1.139	1.138	1.138	1.138	1.137	1.136	1.136	1.135	1.135	1.134	1.133	1.133	1.132	1.131	1.130	1.130	1.129	1.128	1.128	1.127	1.126	1.126	1.125	1.124	1.123	1.123	1.123	1.122
69	1.140	1.139	1.138	1.138	1.138	1.137	1.136	1.136	1.135	1.135	1.134	1.133	1.132	1.132	1.131	1.130	1.130	1.129	1.128	1.128	1.127	1.126	1.126	1.125	1.124	1.123	1.123	1.123	1.122
68	1.140	1.139	1.138	1.138	1.138	1.137	1.136	1.136	1.135	1.135	1.134	1.133	1.132	1.132	1.131	1.130	1.130	1.129	1.128	1.128	1.127	1.126	1.126	1.125	1.124	1.123	1.123	1.123	1.122
67	1.140	1.139	1.139	1.138	1.138	1.137	1.136	1.136	1.135	1.135	1.134	1.133	1.132	1.132	1.131	1.130	1.130	1.129	1.129	1.128	1.127	1.127	1.126	1.125	1.125	1.124	1.123	1.123	1.122

从公式（2-6）和公式（2-7）可以看出，如果我们把计算 k 值时所用的进回水温度定义成安装管道温度及非安装管道温度，那么就可以得出一个通用的 k 系数表，查这个表所用的温度定义为安装管道温度与非安装管道温度，而不是进水温度与回水温度。

表 2-3 就是通用的 k 系数表。有了这个表格后，使用 k 系数法既可以完成冷热计量也可以轻松完成进回水安装的热量计算。

五、热量表的分类方法

热量表主要有以下几种分类方法：

（1）按使用功能分为：热量表，冷量表，冷热量表；

（2）按口径分为：DN15，DN20，DN25，…；

（3）按基本结构分为：整体式热量表，组合式热量表，紧凑式热量表；

（4）按使用用途分为：户用式热量表，楼栋式热量表，管网式热量表；

（5）按流量计的类型分为：机械式热量表，超声波式热量表，电磁式热量表，等等。

在热量表的前几种分类方法中，热量表的基本原理都是相同的，只是根据某些细微特征进行了分类，而第 5 种分类方法是基于流量传感器的不同计量原理进行分类的，由于在不同类型的热量表中温度传感器的类型基本相同，如果计算器中不包含流量传感器处理电路，那么计算器的原理也都是相同的，对于热量表唯有流量传感器部分存在计量原理的区别，因此大家更认可按照流量传感器计量原理对热量表进行分类。下面我们根据流量传感器的原理对热量表进行分类介绍。

第二节 机械式热量表

一、概述

机械式热量表的流量传感器是通过测定叶轮的转速来测量液体的流量的。按规格大小分类，可分为小口径（≤40mm）和大口径（≥50mm）两类。按内部构造，小口径流量传感器又分为单流束式和多流束式。单流束表的特点是在表体内水从单一方向推动叶轮转动，结构简单，不足之处是磨损大。多流束表的水流从多个方向推动叶轮转动，叶轮受力均匀，相对磨损小，使用年限长。大口径流量传感器则分为水平螺翼式和垂直螺翼式两种，前者可以水平或垂直安装，后者只能水平安装。

二、单流束式热量表

单流束热量表的工作原理是：水流从表体进水口切向冲击叶轮使之旋转，通过记录叶轮的转数，从而记录流经流量热量表的累积流量。其流束形式决定了水流在基表内部有比较大的流动空间，不易被污水所堵塞。但从另一方面看也有其缺点，由于水流对叶片的不对称冲击，叶轮的受力载荷容易产生波动，使叶轮在转动过程中产生轴向和径向振动，造成轴和轴承的不对称摩擦，以致叶轮转动阻力增大、基表始动流量增大、过快磨损，从而影响基表的寿命和计量精度。

无磁检测单流束式流量传感器的主要部件为表体、叶轮、两个叶轮轴、叶轮上装配的不锈钢感应片、电感线圈等，如图 2-4 所示。

三、多流束式热量表

多流束热量表的工作原理是：水流经表体时，靠导流叶片（图 2-5 的叶轮盒）形成多通道，将水从不同的方向导入叶轮室。它的优点是能形成对叶轮的均匀对称冲击，较好地避免了水流对叶片造成的轴向和径向振动，提高了叶轮工作的稳定性，减少了叶轮支撑部分的磨损，并从结构上减少了结垢对热量表误差的影响，总体性能明显高于单流束热量表。

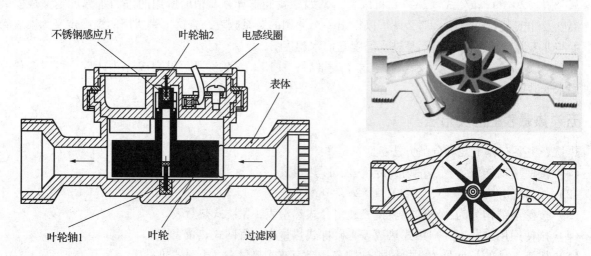

图 2 – 4　无磁检测、单流束式流量传感器结构示意图

　　无磁检测多流束式流量传感器的主要部件为表体、叶轮、形成多束流的叶轮盒、两个叶轮轴和不锈钢感应片等，如图 2 – 5 所示。

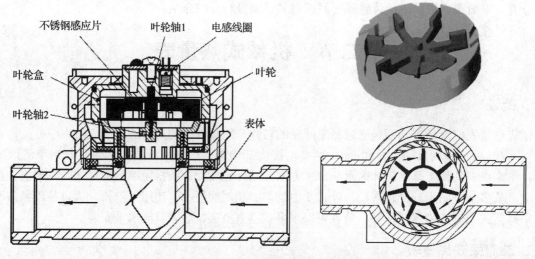

图 2 – 5　无磁检测、多流束式流量传感器结构示意图

四、螺翼式热量表

1. 概述

　　螺翼式热量表的流量传感器又称伏特曼（Woltmann）流量传感器，是速度式流量传感器的一种，其特点是流通能力大、压力损失小，适合在大口径管路中使用。

　　螺翼式热量表的工作原理为：当水流入流量传感器时，沿轴线方向冲击螺翼形的叶轮，使叶轮旋转后流出，叶轮的转速与水流速度成正比。

　　螺翼式流量传感器分为水平螺翼式和垂直螺翼式两大类。

2. 水平螺翼式流量传感器

　　水平螺翼式流量传感器又称涡轮式流量传感器。这种流量传感器的螺翼轴线与供水管道轴线平行（或重合），其叶轮采用螺翼形状，其安装形式为水平安装。如果这种热量表需要垂直安装，可以选择进水一侧螺翼轴承孔中装有宝石端面平轴承的流量传感器，以减少摩擦阻力，延长流量传感器的使用寿命。一些进口型号的螺翼式流量传感器采用动平衡工艺技术，可以在水平、倾斜和垂直状态下工作，但在非水平状态下工作时流量传感器的计量等级要降低一级。

水平螺翼式流量传感器主要由表壳、中罩、表玻璃、整流器、支架、螺翼、误差调节装置、蜗轮蜗杆、计数机构等零部件组成，如图2-6所示。

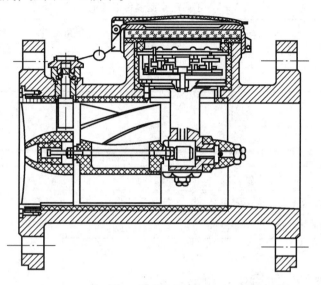

图2-6　水平螺翼式流量传感器的结构示意图

3. 垂直螺翼式流量传感器

垂直螺翼式流量传感器是指螺翼轴线与供水管道轴线相垂直，其结构如图2-7所示。

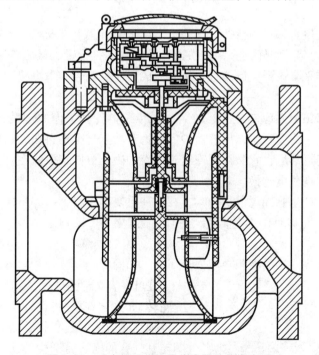

图2-7　垂直螺翼式流量传感器结构示意图

垂直螺翼式流量传感器主要由表壳、表盖组件、表玻璃、指示机构、机芯、分流圈等零部件组成。

垂直螺翼式流量传感器的螺翼由顶尖垂直支承，耐磨性能比水平螺翼式要好。垂直螺翼式流量传感器的小流量计量能力比水平螺翼式流量传感器强。

五、各种机械式流量传感器的比较

1. 不同流束流量传感器的比较（表2-4）

表2-4 不同流束流量传感器的比较

形式	价格	始动流量	抗杂质	准确度	寿命	安装
单流束式	低	大	中	低	短	水平
多流束式	中	中	低	中	中	水平/垂直

2. 螺翼式热量表的比较（表2-5）

表2-5 不同螺翼式传感器的比较

形式	流量范围性	抗杂质性	安装方式	适用性
水平螺翼式	流量范围高，但下限也高	抗杂质性强	可任意安装	适用于变负载主管道
垂直螺翼式	流量范围低，但下限也低	抗杂质性差	只水平安装	适用于定负载主管道

六、机械式流量传感器流量检测方式

机械式流量传感器流量的检测方法，即叶轮转动圈数的检测方法。由于叶轮需要密封，与检测电路之间需要隔离，检测叶轮的转动圈数必须使用非接触式检测方式。目前常用的非接触检测方式主要有三种：干簧管式、韦根传感器和无磁检测。

1. 干簧管式

其工作原理为：在流量传感器的指针上安装一个小磁铁，其上方安装一个常开干簧管，流量传感器每累计0.1m^3（也可根据实际情况确定），磁铁指针旋转一圈，干簧管被磁铁吸合一次，从而产生一个开关量信号，再由计算器采集该开关量信号，从而完成对流量信号的采集。

2. 韦根传感器

韦根传感器是利用韦根德效应制成的，故名韦根传感器。其工作原理是：镶嵌有磁铁的叶轮转动时，在韦根传感器处产生一交变磁场，传感器中的双稳态功能合金材料在外磁场的激励下，磁化方向瞬间发生翻转，而当外磁场撤离后，它又瞬间恢复到原有的磁化方向，由此在合金材料周围的检测线圈中会感生出电脉冲信号，实现磁电转换。

韦根元件的特点是，产生脉冲耗电量为零，在脉冲重复频率（0~10）kHz范围，输出脉冲幅度与宽度恒定，与被测物体转动（移动）速度无关，适合超低速检测。

3. 无磁检测

无磁检测需在叶轮圆周一半的面积上镶嵌金属片，如图2-8所示。

在叶轮盒外使用一个感应线圈来检测叶轮的转动。叶轮转动时，金属片将循环经过感应线圈附近，计算器不停地为感应线圈提供振荡激励脉冲，每次激励后，线圈与其配合的电容将产生一次衰减振荡，叶轮上的金属片接近感应线圈则衰减振荡持续时间变短，金属片远离感应线圈则衰减振荡持续时间变长，通过检测每次振荡衰减时间的长短来判断叶轮上的金属片是否经过感应线圈。金属片每经过一次线圈，相当于叶轮旋转了一圈。

小口径的机械式热量表，叶轮最快的转速为30~

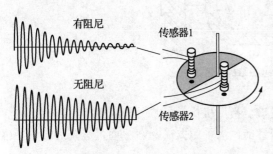

图2-8 无磁传感器不同旋转角度的振荡信号

50r/s。根据香农采样定理，采样频率不低于叶轮转速的 2 倍，实际使用中检测叶轮的频率一般至少要高于叶轮传动圈数的 4 倍，因此单片机每秒钟必须对线圈激励 120～200 次以上并对衰减的震荡信号进行采样判断。

实际使用时可以使用 1 个、2 个或 3 个线圈来对金属片进行感应，使用多个检测线圈可以提高分辨率，3 个以上感应线圈还可以区分出叶轮转动的方向。

在叶轮上镶嵌金属片时需考虑叶轮的平衡问题，在没有金属片的一侧需要增加配重，以保证叶轮的平衡，从而避免由于叶轮不平衡造成的过度磨损。

第三节　超声波式热量表

一、超声波及其特点

声波是指人耳能感受到的一种机械波。人耳能听到的声音的范围为（20～20000）Hz，通常把（20000Hz～10^{12} Hz 以上）的声音称为超声波，把（0.0001～20）Hz 的声音称为次声波。

超声波的特点如下：

（1）束射特性。由于超声波的波长短，超声波射线可以和光线一样，能够反射、折射，也能聚焦。

（2）吸收特性。声波在各种物质中传播时，物质要吸收掉声波的能量，随着传播距离的增加，声波强度会渐进减弱。

（3）能量传递特性。

（4）声压特性。当声波通入某物体时，声波振动可以使物质分子产生压缩和稀疏的作用，使物质所受的压力产生变化。由于声波振动引起附加压力的现象叫声压作用。

由于应用于热量表的超声波流量传感器基本都是基于时差法和相位差法原理的，因此本节只介绍时差法和相位差法的工作原理。

二、传播时间法

1. 传播时间法的基本原理

传播时间法的基本原理是：在测量通道的上游和下游分别安装一只超声波换能器用于超声波信号的发射与接收，一只换能器发射超声波信号、由另一只换能器接收，由于超声波信号与水流信号叠加，使声波在顺流和逆流时的传播速度不同，因此两只换能器发射的超声波信号在水中的运行时间就不同，通过测量该时间的差值可计算出流体的流速，然后再换算成流量，从而实现流量的测量。

换能器是用来实现电能与声能之间相互转换的能量转换器件。它既可以将电能转换为机械能（声波），也可以将机械能（声波）转换成电能。

超声波流量传感器的工作原理如图 2-9 所示。

图中，R_1 为流量传感器流体上游超声波换能器；R_2 为流量传感器流体下游超声波换能器；L 为上、下游换能器间的有效传播距离；V 为流体速度；C 为声波在流体中传播的速度。

由图 2-9 可知：

声波顺流传播时间

$$t_1 = \frac{L}{C+V}$$

声波逆流传播时间

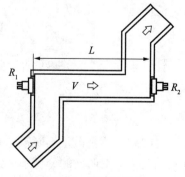

图 2-9　超声波流量
传感器工作原理

$$t_2 = \frac{L}{C - V}$$

声波逆流和顺流传播时间差

$$\Delta t = t_2 - t_1 = \frac{L}{C - V} - \frac{L}{C + V} = \frac{2LV}{C^2 - V^2} \tag{2-8}$$

相对于声速 C，流体的流速 V 很小，小到可以忽略不计。所以式（2-8）转化为

$$V \approx \frac{\Delta t C^2}{2L} \tag{2-9}$$

因为

$$t_1 + t_2 = \frac{L}{C + V} + \frac{L}{C - V} = \frac{2LC}{C^2 - V^2} \approx \frac{2L}{C} \Rightarrow C = \frac{2L}{t_1 + t_2}$$

所以，式（2-9）还可以转化为

$$V \approx \frac{\Delta t C^2}{2L} = \frac{2L(t_1 - t_2)}{(t_1 + t_2)^2} \tag{2-10}$$

此式中不含有声速 C，只要测出顺逆流传播时间 t_1 和 t_2 即可。

知道了流体的流速，再结合管段内径，即可计算出流体在管道中的瞬时流量及累计流量。

2. 时差法

时差法主要使用公式（2-10）来计算流速，根据公式可知需要测量的参数为顺流传播时间 t_1 和逆流传播时间 t_2。

一般超声波在水中的传播速度为 C 为 1400m/s，对于 DN20 的热量表，最小流量 q_{min} 通常为 0.05m³/h，管道的直径为 0.01m，截面积定义为 S，则对应的最小流速 v_{min} 为

$$v_{min} = \frac{q_{min}}{S} = \frac{0.05}{3.14 \times 0.01 \times 0.01} = 159\text{m/h} = 0.0442\text{m/s}$$

如果两只换能器之间沿水流方向的测距为 $L = 80\text{mm}$，则超声波顺流运行的时间为

$$t_1 = \frac{L}{C + v_{min}} = \frac{0.08}{1400 + 0.0442} = 57.141053\mu\text{s}$$

逆流运行时间为

$$t_2 = \frac{L}{C - v_{min}} = \frac{0.08}{1400 - 0.0442} = 57.144661\mu\text{s}$$

顺逆流的运行时间差为

$$\Delta t = t_2 - t_1 = 0.003608\mu\text{s} = 3.608\text{ns}$$

计量精度为二级的热量表，要保证最小流量的计量误差不超过 ±3%，即对 Δt 的采样误差不能超过 3%

$$\Delta t \times 3\% = 3.608\text{ns} \times 3\% = 0.108\text{ns} = 108\text{ps}$$

即对时间差的测量误差不能超过 108ps。从上述分析可以看出，如果要保证超声波流量传感器小流量的计量精度，则对时间的分辨率至少要小于 108ps。

德国 ACAM 公司的 GP2 系列时间数字转换芯片的分辨率最高可达到 22ps，可以满足超声波流量传感器的要求（图 2-10）。GP2 系列时间数字转换芯片内置的时间数字转换器基于绝对时间延迟测量原

理，利用类似反相器的测量方法测量超声波脉冲的飞行时间，通过 4MHz 时钟可以像预分频器一样校准时间延迟，从而实现大约 22ps 的测量分辨率。这样的飞行时间测量分辨率已经远远足够，最主要的时间噪声源不是 TDC 本身，换能器以及有水的管段会产生更多的时间噪声。

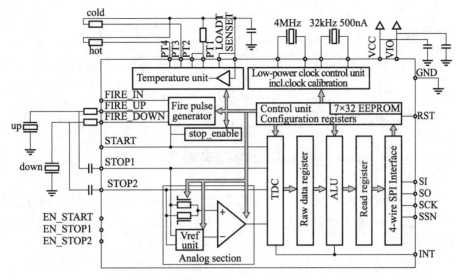

图 2 - 10　GP2 方框原理图

3. 相位差法

相位差法使用公式（2 - 9）来计算流速，根据公式可知需要测量的参数为顺流、逆流的时间差 Δt 以及声速 C，声速 C 一般根据水温查表求出，顺逆流的时间差 Δt 则通过相位差法测量。

相位差法的原理如图 2 - 11 所示。

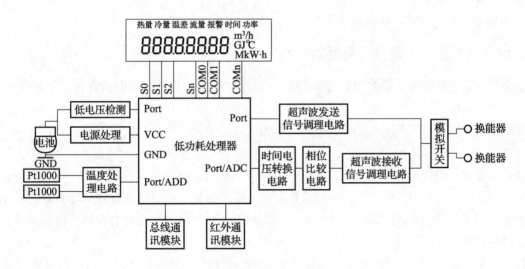

图 2 - 11　相位差法原理框图

相位差法不直接测量超声波从上游换能器至下游换能器的传播时间 t_1 和超声波从下游换能器至上游换能器的传播时间 t_2，而是测量它们与已知基准参考波形间的相位差，从而缩短了测量的时间长度，大幅度提高了测量准确度。

从图 2 - 12 中可以看出，逆顺流的传播时间差为

$$\Delta t = \Delta t_2 - \Delta t_1 \tag{2 - 11}$$

式中　Δt_2——逆流测量时接收波形与参考波形间的相位差；

　　　Δt_1——顺流测量时接收波形与参考波形间的相位差。

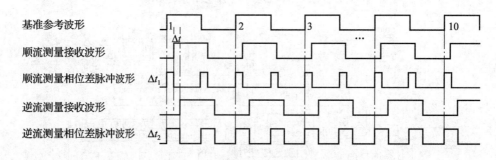

图 2-12　相位差法处理时序图

　　每次测量时，从接收波形中取出相位幅值未定的 10 个波形进行鉴相，共得到 10 个鉴相脉冲，此脉冲经 T-V（时间-电压）转换电路后，由单片机进行 ADC 转换及数字滤波的相关计算得到传播时间差 Δt。相位差法的特点如下：

　　（1）测量分辨力高。由于测量的相位时间差很短，1MHz 超声频率下，时间差不超过 1μs，理论分辨力至少可达 50ps。

　　（2）抗干扰性能强。由于是待接收波形稳定后，从中取出 10 个时钟周期的波形进行测量，所以基本不受接收信号幅度的影响。相比于直接时差法仅能测量接收波形中刚刚起振时的前几个不稳定波形，此方法在抗干扰方面有明显的优势。

　　（3）时间差不能超过 1 个周期，即对于频率为 1MHz 的超声波，其顺逆流的时间不能超过 1μs，在实际使用时要求时间差更小。

　　（4）需要通过其他方式得到超声波的声速。

三、超声波式热量表流量传感器的结构

　　对于超声波式流量传感器的结构有这样的几种分类方式：一是根据换能器在管道上的相对安装位置，分为对射式和反射式；二是根据测量声道的多少（即换能器对数的多少）分为单声道式和多声道式；三是根据安装方式不同分为外贴式、管段式和插入式。

　　1. 对射式

　　对射式安装方式的特点是安装于测量管道上游及下游的两个换能器直接面对。

　　如图 2-13 所示，在一定的范围内，测量管段的长度 L 越长，对时间的分辨率要求越低，计量精度越容易保证。但受热量表长度及管径尺寸的影响，应用于大口径热量表的对射式的结构与应用于小口径热量表的对射式结构有所不同。

　　一般 DN50 以上口径的热量表可以采用图 2-13 的结构形式，而 DN40 以下的小孔径的热量表如果采用对射式结构应采用图 2-9 的结构形式。

　　2. 反射式

　　反射式结构主要应用于小口径流量传感器，两个换能器一般安装于流量传感器的顶端，主要的反射形式有 U 型，见图 2-14；V 型，见图 2-15；W 型，见图 2-16。其中，U 型是目前比较常用的形式，如图 2-17 所示。

　　U 型反射式结构的小口径热量表的流量传感器，主要部件有一对换能器，一对与换能器成 45°角的反射镜，还有一个测量管。

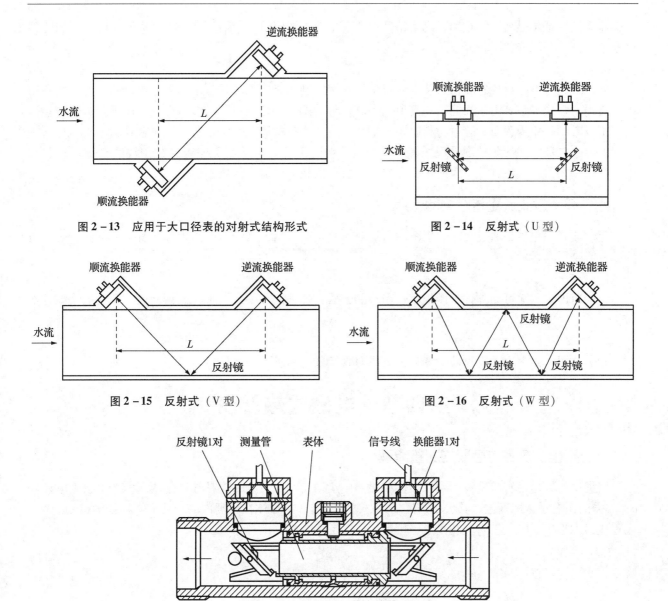

图 2 - 13　应用于大口径表的对射式结构形式

图 2 - 14　反射式（U 型）

图 2 - 15　反射式（V 型）

图 2 - 16　反射式（W 型）

图 2 - 17　U 型反射式结构的实际应用

3. 多声道式

对于超声波式流量传感器，在管道的四周上布置一对以上的换能器对流量进行测量，称为多声道超声波式流量传感器。计算器将各声道测得的流速进行加权积分，求得截面平均流速。多声道式结构一般采用对射式结构。其有效地解决了流体流态分布变化对测量精度的影响，在相对直管段很短时也能获得较高的测量精度。

4. 外贴式

外贴式超声波流量传感器是生产最早、用户最熟悉、应用最广泛的超声波流量传感器，并且安装换能器时无需管道断流，即贴即用，它充分体现了超声波流量传感器安装简单、使用方便的特点。但由于现场安装的管道的截面积一般无法准确测量，因此，外贴式的流量传感器测量的绝对精度无法保证。

5. 管段式

某些管道因材质疏、导声不良，或者腐蚀严重、衬里和管道内有间隙等原因，导致超声波信号衰减严重，用外贴式超声波流量传感器无法正常测量，所以产生了管段式超声波流量传感器。

管段式超声波流量传感器把换能器和测量管组成一体，可以在实验室进行校准，解决了外贴式流量传感器无法保证绝对精度的难题，测量精度也比其他超声波流量传感器要高。但因为安装时需要切开管道安装，使得现场安装比较复杂。

6. 插入式

插入式超声波流量传感器在安装上时可以不断流，利用专门工具在有水的管道上打孔，把换能器插入管道内，完成安装。由于换能器在管道内，其信号的发射、接收只经过被测介质，而不经过管壁和衬里，所以其测量不受管质和管衬材料限制。

外贴式与插入式计量精度受现场管道的参数影响，因此计量精度无法保证，比较适合过程控制使用。如果需要进行贸易结算，应使用精度更高的管段式超声波流量传感器。

四、超声波式流量传感器的特点

超声波式热量表是通过超声波射线的方法测量热水的流量，其测量腔体内部没有可动部件，对介质的成分或杂质含量没有要求。

1. 优点

口径范围大；无可动部件，压损小；与被测介质物理性能无关；技术先进；准确度及稳定性高，寿命长。

2. 缺点

测量结果一定程度受管道截面变化影响，对直管段的要求比较严格。

第四节　电磁式热量表

一、电磁式流量传感器的测量原理

根据法拉第电磁感应定律，当一导体在磁场中运动切割磁力线时，在导体的两端即产生感生电动势 e，其方向由右手定则确定，其大小与磁场的磁感应强度 B、导体在磁场内的长度 L 及导体的运动速度 v 成正比，如果 B、L、v 三者互相垂直，则

$$e = BLv \qquad\qquad (2-12)$$

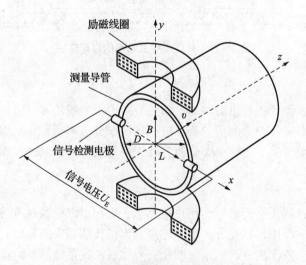

图 2-18　电磁式流量传感器工作原理

若在磁感应强度为 B 的均匀磁场中，垂直于磁场方向放一个内径为 D 的不导磁管道，当导电液体在管道中以流速 v 流动时，导电流体就切割磁力线。如果在管道截面上垂直于磁场的直径两端安装一对

电极（图 2 – 19），则可以证明，两电极之间也将产生感生电动势

$$e = kBD\bar{v} \qquad (2-13)$$

式中：k——仪表系数；

　　　$\bar{v}$——测量管道截面内的平均轴向流速。

圆形截面测量管道的体积流量 q_V 为

$$q_V = \frac{\pi D^2}{4}\bar{v} \qquad (2-14)$$

根据公式（2 – 13），上述公式也可表示为

$$q_V = \frac{\pi D}{4k} \times \frac{e}{B} = K \times \frac{e}{B} \qquad (2-15)$$

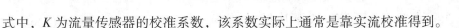

图 2 – 19　电磁流量传感器原理简图
1—磁极；2—电极；
3—测量管道

式中，K 为流量传感器的校准系数，该系数实际上通常是靠实流校准得到。

由式（2 – 15）可知，体积流量 q_V 与感生电动势 e 和测量管内径 D 呈线性关系，与磁场的磁感应强度 B 成反比，与其他物理参数无关，这也是电磁流量传感器的最大优点。上述公式只是粗略地说明电磁流量传感器的工作原理。要使式（2 – 15）严格成立，必须使测量条件满足下列假定：

（1）磁场是均匀分布的恒定磁场；

（2）被测流体的流速为轴对称分布；

（3）被测液体是非磁性的；

（4）被测液体的电导率均匀且各向同性。

实际的情况是磁场的磁感应强度 B 只能在有限范围内相对均匀分布，而且对于空间中的质点，磁场中的磁感应强度是有方向性的矢量；导电流体内部质点的速度分布并非处处相等，质点运动的速度也是矢量。这样看来，导电流体在磁场内流动产生感应电动势远比一般导体在磁场内作切割磁力线运动，导体两端产生电动势的情况要复杂得多。

二、励磁方式

励磁方式即产生磁场的方式。由前述可知，为使公式（2 – 16）成立，第一个必须满足的条件就是要有一个均匀恒定的磁场。为此，就需要选择一种合适的励磁方式。目前，一般有三种励磁方式，即直流励磁、交流励磁和低频方波励磁。

1. 直流励磁

直流励磁方式用直流电产生磁场或采用永久磁铁，它能产生一个恒定的均匀磁场。这种直流励磁变送器的最大优点是受交流电磁场干扰影响很小，因而可以忽略液体中自感现象的影响。但使用直流磁场易使通过测量管道的电解质液体被极化，即电解质在电场中被电解，产生的正负离子在电场力的作用下，负离子跑向正极，正离子跑向负极，如图 2 – 20 所示。这样，将导致正负电极分别被相反极性的离子所包围，严重影响仪表的正常工作。所以，直流励磁一般只用于测量非电解质液体，如液态金属等。

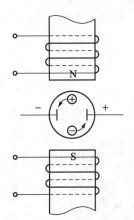

图 2 – 20　直流励磁方式

2. 交流励磁

目前工业上使用的电磁流量传感器，大都采用工频（50Hz）电源交流励磁方式，即它的磁场是由正弦交变电流产生的，所以产生的磁场也是一个交变磁场。交变磁场变送器的主要优点是消除了电极表面的极化干扰。另外，由于磁场是交变的，所以输出信号也是交变信号，放大和转换低电平的交流信号要比直流信号容易得多。

如果交流磁场的磁感应强度为

$$B = B_m \sin\omega t \tag{2-16}$$

则电极上产生的感生电动势为

$$e = kD\bar{v}B_m \sin\omega t \tag{2-17}$$

被测体积流量为

$$q_V = \frac{\pi D}{4k} \times \frac{e}{B_m \sin\omega t} = K \times \frac{e}{B_m \sin\omega t} \tag{2-18}$$

式中：B_m——磁场磁感应强度的最大值；

ω——励磁电流的角频率，$\omega = 2\pi f$；

t——时间；

f——电源频率。

由式（2-18）可知，当测量管内径 D 不变，磁感应强度 B_m 为一定值时，两电极上输出的感生电动势 e 与流量 q_v 成正比。这就是交流磁场电磁流量变送器的基本工作原理。

值得注意的是，用交流磁场会带来一系列的电磁干扰问题，如正交干扰，同相干扰等，这些干扰信号与流量信号混杂在一起，因此，如何正确区分流量信号与干扰信号，并有效地抑制和排除各种干扰信号，就成为交流励磁电磁流量传感器研制的重要课题。

3. 低频方波励磁

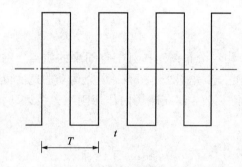

图 2-21 方波励磁电流波形

直流励磁方式和交流励滋方式各有优缺点，为了充分发挥它们的优点，尽量避免它们的缺点，20 世纪 70 年代以来，人们开始采用低频方波励磁方式。它的励磁电流波形如图 2-21 所示，其频率通常为工频的 1/4~1/10。

从图 2-21 可见，在半个周期内，磁场是恒稳的直流磁场，它具有直流励磁的特点，受电磁干扰影响很小。从整个时间过程看，方波信号又是一个交变的信号，所以它能克服直流励磁易产生的极化现象。因此，低频方波励磁是一种比较好的励磁方式，目前已在电磁流量传感器上广泛的应用。

它具有如下几个优点：

（1）避免交流磁场的正交电磁干扰；

（2）消除由分布电容引起的工频干扰；

（3）抑制交流磁场在管壁和流体内部引起的电涡流；

（4）排除直流励磁的极化现象。

各种励磁方式的特点见表 2-6。

表 2-6 励磁方式及特点

励磁方式	特　　点
直流（恒定磁场）励磁	多用于液态金属测量，如原子能工业，无涡电流和极化现象
交流正弦波	极化电压低，存在电磁感应干扰，零点容易变动
两值波	一般励磁频率为电源频率的 1/16~1/2，零点稳定性好，对浆液测量会出现抖动
三态波	无励磁电流，校准零点，周期的一半时无电流流过，功耗低
双频	用高频调制 1/8 工频，可降低浆液测量的尖状干扰，输出稳定，反应速度快，调节麻烦
可编程脉宽	利用单片计算机编程，控制励磁矩形波脉冲宽度和励磁频率，也可降低浆液测量尖状干扰的影响

三、电磁式流量传感器的结构

电磁式流量传感器用于产生与流量成比例的信号，电磁式流量传感器的典型结构如图 2-22 所示。

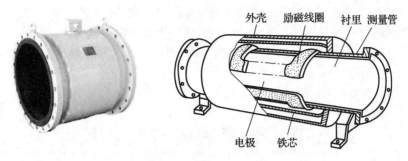

图 2-22　电磁式流量传感器的典型结构

传感器主要包括下列单元：

（1）一段流过被测导电液体的测量管，其内表面（衬里）通常是电绝缘的；

（2）一对或多对径向对置的电极，用于测量由导电液体流动所产生的信号；

（3）在测量管中产生磁场的电磁体。

测量管上下装有励磁线圈，通励磁电流后产生磁场穿过测量管，电极装在测量管内壁，与液体相接触，引出感应电势，送到转换器。励磁电流由转换器提供，衬里和电极可由多种材料制成，选择依据主要是要适合于被测液体。

四、转换器及其功能

电磁式流量传感器产生的流速信号有以下特点：一是信号幅度小，一般流体流过传感器流速 1m/s 时感应的电动势在 1mV 以下甚至是 0.2mV 以下。二是干扰成分相当复杂，包括"变压器效应"、同相干扰、串模干扰、工模干扰和直流干扰。三是信号内阻抗变化范围很大。传感器内阻与液体的电导率成反比，对于不同的酸、碱、盐以及弱导电的电离子水的电导率约从 10S/m 到 10^{-6}S/m，由此传感器内阻大约从十几欧到十兆欧。四是流速信号的大小不仅随流速变化，也随磁场强度变化而变化。因此，在设计转换器时应针对以上特点有针对性地进行电路设计。

如图 2-23 所示，整个转换器系统包含数字和模拟两大部分。模拟部分包括前置放大、仪表放大、信号滤波等电路，主要作用是把微弱的流量信号放大，利用仪表放大电路将差动信号变换成为单端流量信号，通过滤波将噪声信号滤除，以实现流量信号的正确放大。数字电路包括 A/D 转换电路、微处理器、液晶显示、按键输入、信号输出以及励磁电路。

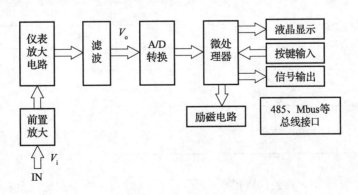

图 2-23　转换器系统框图

电磁流量传感器的转换器既可以单独设计也可以与热量表计算器合并在一起，单独设计时需输出与流量成正比的信号，如脉冲信号或 4～20mA 信号。

五、电磁式流量传感器的特点

（1）流量范围宽、线性好、测量准确度高、对流束截面变化依赖性小；

（2）结构原理复杂、无可动部件、维修量小、无缩径现象、压力损失小；

（3）只能测导电流体，测量管几何尺寸误差会引起测量误差，测量腔体因水垢导致直径缩小而引起测量误差，并且误差随时间增大；

（4）耗电大，因此在小口径表方面很少采用，主要用于大口径（楼宇等）总表或工业计量；

第五节　热量表的口径和尺寸

为了便于安装和互换，在热量表标准中规定了热量表的安装尺寸。流量传感器的连接尺寸和连接方式可按表 2-7 的规定执行。

表 2-7　常用流量及流量传感器的连接尺寸和方式

常用流量 q_p / （m^3/h）	选择 1			选择 2			选择 3		
	公称直径 /mm	螺纹连接	表长 /mm	公称直径 /mm	螺纹连接	表长 /mm	公称直径 /mm	螺纹连接	表长 /mm
0.3	15	G¾B	110	15	G¾B	130	20	G1B	190
0.6	15	G¾B	110	15	G¾B	130	20	G1B	190
1.0	15	G¾B	110	15	G¾B	130	20	G1B	190
1.5	15	G¾B	110	15	G¾B	165	20	G1B	130 190
2.5	20	G1B	130	20	G1B	190	25	G1¼B	160 260
3.5	25	G1¼B	160	25	G1¼B	260	25	G1¼B	130
6	32	G1½B	180	32	G1½B	260	25	G1¼B	260
10	40	G2B	200	40	G2B	300	—	—	—
15	50	—	200	50	—	300	50	—	270
25	65	—	200	65	—	300	—	—	—
40	80	—	225	80	—	350	80	—	300
60	100	—	250	100	—	350	100	—	360
100	125	—	250	125	—	350	—	—	—
150	150	—	300	150	—	500	—	—	—
250	200	—	350	200	—	500	—	—	—
400	250	—	400 450	250		600	—	—	—
600	300	—	500	300		800	—	—	—
1000	400	—	600	400		800	—	—	—

（1）工作压力大于 1.6MPa 或公称直径大于 DN40 的热量表，应采用法兰连接，其法兰规格应符合 GB/T 9113.1 或 GB/T 17241.6 的规定，且法兰的最大压力要等于热量表的最大压力。

（2）采用螺纹连接的热量表，螺纹端尺寸 a 和 b 见表 2-8 及图 2-24，螺纹应符合 GB/T 7307 的规定。

（3）长度公差：在欧洲标准中规定，表长小于 300mm 的，公差为 $_{-2}^{0}$mm；表长大于 350mm、小于 600mm 的，公差为 $_{-3}^{0}$mm。

（4）DN400 以上热量表的长度由用户与制造商协商确定。

表 2-8　流量传感器螺纹接口尺寸

接口螺纹	螺纹长度/mm	
	a_{min}	b_{min}
G¾B	10	12
G1¾B	12	14
G1¼B	12	16
G1½B	13	18
G2B	13	20

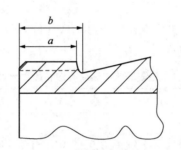

图 2-24　流量传感器螺纹长度

第三章 热量表的技术要求和检定方法

第一节 热量表的技术要求

热量表的技术要求包括计量性能要求、通用技术要求和法制计量管理要求。

一、计量性能要求

热量表的计量性能要求包括示值误差，使用中的最大允许误差，温差下限要求，最大压损要求四个方面。

1. 示值误差

热量表为多参量计量仪表，所以热量表计量特性包括热量计量示值误差，流量计量示值误差，温度、温差计量误差。各等级热量表的示值误差应在其最大允许误差范围内。

（1）各等级热量表热量值最大允许误差 E 列在表 3-1 中。

表 3-1　热量表的准确度等级和最大允许误差

1级	2级	3级
$E = \pm\left(2 + 4\dfrac{\Delta\theta_{\min}}{\Delta\theta} + 0.01\dfrac{q_p}{q}\right)\%$	$E = \pm\left(3 + 4\dfrac{\Delta\theta_{\min}}{\Delta\theta} + 0.02\dfrac{q_p}{q}\right)\%$	$E = \pm\left(4 + 4\dfrac{\Delta\theta_{\min}}{\Delta\theta} + 0.05\dfrac{q_p}{q}\right)\%$

注：1. 对 1 级表，$q_p \geqslant 100\text{m}^3/\text{h}$。2. q 为流量。

（2）各等级热量表分量值的最大允许误差 E_q、$E_{\Delta\theta}$、E_θ、E_C 列在表 3-2 中。

表 3-2　热量表各分量的最大允许误差

	流量传感器流量最大允许误差 E_q	配对温度传感器温差及温度值的最大允许误差 $E_{\Delta\theta}$、E_θ	计算器计量热量值最大允许误差 E_G
1级	$\pm\left(1 + 0.01\dfrac{q_p}{q}\right)\%$，但不超过 $\pm 3.5\%$	配对温度传感器温差的最大允许误差：$E_{\Delta\theta} = \pm\left(0.5 + 3\dfrac{\Delta\theta_{\min}}{\Delta\theta}\right)\%$ 单支温度传感器温度的偏差 E_θ：与 IEC 60751：2008 标准分度表值偏差不大于 ± 2℃	$\pm\left(0.5 + \dfrac{\Delta\theta_{\min}}{\Delta\theta}\right)\%$
2级	$\pm\left(2 + 0.02\dfrac{q_p}{q}\right)\%$，但不超过 $\pm 5\%$		
3级	$\pm\left(3 + 0.05\dfrac{q_p}{q}\right)\%$，但不超过 $\pm 5\%$		

注：1. 对 1 级表，$q_p \geqslant 100\text{m}^3/\text{h}$。2. 分量组合检定的最大允许误差为上述分量最大允许误差绝对值的算术相加。

（3）热量表的计量特性与最大允许误差的关系

从以上各表可以看出，热量表的最大允许误差是与相关参数的选取有直接关系的。以某厂家 DN20 口径 2 级热量表为例，其最小温差为 3K，常用流量为 2.5m³/h。在检测点的温差为 15K，流量为 0.25m³/h 时，热量计量最大允许误差为 4.0%；在检测点的温差为 3K，流量为 2.5m³/h 时，热量计量最大允许误差为 7.02%。

热量表相关参数的最大允许误差是使用表 3-1 和表 3-2 的误差表达式经过计算确定的，这是热量表与其他计量仪表的最大不同，应用时一定要引起注意。此外，对于准确度等级达到 1 级的热量表，其常用流量应大于 $100m^3/h$，这是由热量表所用的流量传感器的流量特性所决定的。

2. 使用中的最大允许误差

在实际使用过程中，热量表的计量性能会发生变化。在 JJG 225—2001 热量表检定规程中，对使用了一段时间的热量表的最大允许误差规定为首次检定的最大允许误差的 2 倍。对于检定结果满足使用中热量表的最大允许误差要求的，认为是符合规程要求的，可以在检定周期内使用。

3. 计量特性的有关规定

热量表测量能力是用流量特性参数和温度特性参数表征的。在行业标准 CJ 128—2007《热量表》中，对流量特性参数和温度特性参数有所规定。在规程中，则在温差下限提出了更加严格的要求

（1）流量特性

热量表流量特性由最小流量 q_i、常用流量 q_p 和最大流量 q_s 表征。

表 2-8 为常用流量及流量传感器的连接尺寸和方式表，是在 2006 年综合了国家标准《水表》、欧洲标准《热量表》的技术参数而形成的。从表 2-8 可以看出，DN15 口径的热量表的常用流量与热量表的公称口径并不是一一对应的。随着相关标准的改变和技术的发展，其他公称口径的热量表也不再只对应一个常用流量了。在具体检测过程中，要注意不同厂家的常用流量的数值。

最小流量是表征流量特性的另一个重要参数。在 CJ 128—2007 中通过规定常用流量与最小流量之比来确定最小流量的数值。常用流量与最小流量之比应为 25、50、100、250。常用流量为 $0.3m^3/h$ 的热量表，常用流量与最小流量之比不应小于 25；常用流量 $0.6m^3/h \sim 10m^3/h$ 的热量表，常用流量与最小流量之比不应小于 50。

常用流量与最小流量之比简称为量程比。热量表中的量程比不同于其他流量计，是"常用流量与最小流量之比"而不是"最大流量与最小流量之比"。应该讲，"量程比"越大其计量性能就越好。但在实际应用中也要根据需要选择合适的"量程比"，并不是越大越好。例如，作为户用热量表"量程比"达到 50 已经很不错了，能达到 100 就更好，但成本和技术难度就大大增加。

在开展检定时要根据产品说明书提供的热量表特性流量即最小流量 q_i、常用流量 q_p 和最大流量 q_s，选择检定点或型式评价试验点，同时正确计算具体检定点的最大允许误差。

（2）温度特性

热量表温度特性由温差上限（$\Delta\theta_{max}$）、温差下限（$\Delta\theta_{min}$）、温度范围上限（θ_{max}）、温度范围下限（θ_{min}）决定。CJ 128—2007《热量表》中规定，热量表的最大温差与最小温差之比应大于 10。最小温差应为 1K、2K、3K、5K 和 10K，公称直径小于或等于 40mm 的热量表，最小温差不应大于 3K；冷量表的最大温差不应大于 2K。检定规程 JJG 225 中规定，热量表的温差下限不得大于 3℃，冷量表的温差下限不得大于 2℃。热量表温差上限可根据产品设计的能力和用户要求决定，许多热量表产品的温差上限都至少为 45K。

CJ 128—2007 中规定热量表的温度范围可为 2℃～150℃，互用热量表一般为 4℃～95℃，户用冷量表一般为 2℃～35℃；检定规程中对温度范围没有硬性要求。

4. 压损

热量表流量传感器在额定流量下的最大压损 Δp 不应超过 25kPa。额定流量即为常用流量。其测试系统和试验方法如下。

（1）测试系统

① 试验管段的内径应与被测热量表接头的内径相同，直管段长度应符合图 3-1 的规定，其中，DN 为管道内径。

② 压力损失用差压计测量，其测量结果的扩展不确定度（包含因子为 2）不应大于 5%。

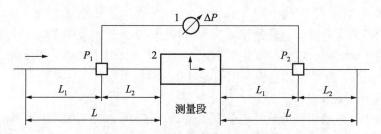

图 3 - 1　压力损失试验示意图

P_1、P_2——前、后取压点压力；1—差压计；2—热量表；

$L \geqslant 15DN$；$L_1 \geqslant 10DN$；$L_2 \geqslant 5DN$

（2）试验方法

① 将热量表安装在试验台上，使其在下列条件下正常运行：

流量：常用流量；

水温：热量表为（50 ± 5）℃，冷量表为（15 ± 5）℃。

② 试验时应先将热量表、差压计及管路中的空气排出，当压力稳定后，测出前后取压点的压差值。

③ 试验应分别测出安装热量表和未安装热量表（用同口径直管段代替）时的前后取压点的压差值，两次测量值的差值为热量表的压力损失。

二、通用技术要求

1. 外观

热量表外壳应色泽均匀，无裂纹、毛刺、起皮现象，壳体上应用箭头标出载热液体的流动方向，以免造成使用错误。

2. 铭牌和标注

热量表应在铭牌或表体的明显部位标明至少如下信息：制造计量器具许可证标志及编号、制造厂的商标或名称、口径、型号、编号、流量的测量范围、温度的测量范围、温差的测量范围、常用流量、最大允许工作压力、准确度等级、环境等级、制造年月、安装位置（管道入口或出口）、水平安装或垂直安装（如有必要）。

热量表产品标明的安装位置（管道入口或出口）是非常重要的信息。检定时要根据热量表的安装位置来决定检定方法。热量表应标明安装方向（水平安装或垂直安装），在实际应用时供安装人员参考。

3. 合格证书和说明书

新制造的热量表应具有出厂合格证及使用说明书；使用中和修理后的热量表应具有本周期内检定的合格证书。

4. 封印

为保证热量表应用时的公正性，影响热量表计量性能的可拆部件应有可靠且有效的封印。封印的形式可以是铅封、漆封或不干胶贴封（一次性的）等。

5. 热量表的材料与结构

热量表所有部件应有坚固的结构，在规定的温度条件下，应具有足够的机械强度和耐磨性，并能正常工作。热量表凡与载热液体直接接触或靠近载热液体处的部件、材料应能耐载热液体和大气的腐蚀或有可靠的保护层。

6. 配对温度传感器

为了保证配对温度传感器检定质量，固定安装在热量表表体内的配对温度传感器应能取出检定，引出线长度不小于 1.5m。

7. 检定模式的流量信号模拟要求

热量表检定模式中应具备自模拟流量信号功能，且该功能模拟引入的流量值应不计入使用模式下的累计流量及累计热量值。实现的方法可以是：进入自模拟流量信号状态后，在每个测量周期内模拟出固定的流量值，退出自模拟流量信号状态后，热量表停止发送模拟流量信号。

模拟的流量信号主要应用于计算器的检定或对计算器与流量传感器进行组合检定的过程。使用模拟的流量信号，使得在检定过程中不再依赖实际的流量信号，方便了操作。

在模拟流量信号时应注意不能超过计算器可接受的最大流量信号。

8. 密封性要求

热量表在最大允许工作压力下运行应密封良好，无泄漏、渗漏或损坏。密封性应在带有耐压试验装置的热量表检定装置上或专用的耐压试验装置上进行试验。

操作方法是，首先将安装热量表的管路充满温度为（50±5）℃的热水，然后将夹表台两端阀门封闭，利用加压装置对试验段管路加压到试验压力，目测观察 10min，试验热量表应无泄漏或损坏。

9. 显示要求

（1）热量表应至少能显示热量、累积流量、载热液体入口温度、出口温度和温差。热量的显示单位用 J 或 W·h 或其十进制倍数，累积流量的显示单位用 m^3，温度和温差的显示单位用℃或 K。显示单位应标在不宜混淆的地方。

（2）显示数字的可见高度不应小于 4mm。

（3）显示分辨力

① 使用模式时显示分辨力

显示分辨力最低要求为：热量：1kW·h 或 1MJ 或 1GJ；累积流量：0.01m^3；温度：0.1℃；温差：0.1℃。

不同口径热量表累积流量值的分辨力最低要求为：

$$DN15 \sim DN40：0.01m^3；$$

$$DN40 \sim DN200：0.1m^3$$

② 检定模式时显示分辨力

热量表热量值的分辨力最低要求为：0.001kW·h 或 0.001MJ；

热量表的温度和温差的分辨力最低要求为 0.01℃；

不同口径热量表的累积流量值的分辨力最低要求为：

$$DN15 \sim DN25：0.00001m^3；$$

$$DN32 \sim DN100：0.0001m^3；$$

$$DN125 \sim DN200：0.001m^3$$

提出热量表最低分辨力要求的主要目的是保证在最小用水量的前提下，保证热量表各参数计量结果的准确度能够充分显示。

三、法制管理要求

1. 热量表的计量单位

（1）热量：J 或 W·h 或其十进制倍数

（2）累积流量：立方米、m^3

（3）瞬时流量：立方米每小时、升每小时、m^3/h、L/h

（4）温度：℃

（5）温差：℃或 K

2. 计量特性

热量表准确度等级分 1 级、2 级、3 级，其中，1 级只适用于 $q_p \geqslant 100m^3/h$ 的热量表，2 级、3 级热量表适合所有规格的热量表。热量表热量、流量、温度、温差的计量准确度可由表 3 - 1、表 3 - 2 确定，分量组合检定的最大允许误差为上述分量最大允许误差绝对值的算术相加和。

3. 计量法制标志

热量表铭牌或明显地方应标明制造计量器具许可证标志及编号，并正确使用 CMC 标志。

4. 热量表计量公正性保证的外部设计要求

为保证热量表应用时的公正性，影响热量表计量性能的可拆部件应有可靠且有效的封印，以避免热量表计量性能被随意修改。封印的形式可以是铅封、漆封或不干胶贴封（一次性的）等。

第二节　热量表的检定

热量表的检定主要从检定条件、检定项目、检定方法、检定结果的处理及检定周期几个方面分别进行介绍。

一、检定条件

1. 检定设备的要求

检定规程对实施检定的设备的准确度或扩展不确定度进行了规定，具体要求见表 3 - 3。

表 3 - 3　热量表主要检定设备

设备名称	准确度/扩展不确定度	用　　途
热水流量标准装置	小于或等于热量表及冷量表流量传感器最大允许误差绝对值的 1/5	用于检定热量表及冷量表的流量传感器流量值
配对温度传感器检定装置	小于或等于热量表及冷量表配对温度传感器最大允许误差绝对值的 1/3	用于检定配对温度传感器的温度及温差值
密封性试验装置（可以是检定装置本身或独立装置）	满足热量表及冷量表最大允许工作压力要求，压力表准确度等级不低于 2.5 级	用于热量表及冷量表的密封性试验

2. 检定设备的结构和基本要求

热量表检定装置是完成热量表主要技术参数检定的综合计量检定装置，一般由热水流量标准装置、配对温度传感器检定装置、密封性试验装置（可以是检定装置本身或独立的装置）、热量表积算仪检定装置（由流量信号发生器、标准电阻箱或电阻信号发生器组成）等多个装置组成。目前国内的热量表检定装置主要由热水流量标准装置、配对温度传感器检定装置、密封性试验装置组成，可以完成热量表的分量检定、分量组合检定或总量检定及热量表压力损失试验和耐压试验等工作。

（1）热水流量标准装置

① 构成

热水流量标准装置分为质量法和标准表法两类，具体又可分为启停标准表法、启停质量法和带换向器的静态质量法等。DN50 及以下口径的装置主要采用启停标准表法和启停质量法；DN80 以上的装置主要采用启停标准表法和带换向器的静态质量法。

热水流量标准装置由加热水箱、变频水泵、变频水泵控制系统、夹表器、标准器（标准流量计组或高精度电子秤）、流量控制系统等部分构成。质量法和标准表法装置结构如图 3 - 2，图 3 - 3 所示。

② 技术要求

热水流量标准装置采用标准表法时标准器包括标准流量计组，做标准流量计的可以是电磁流量计、

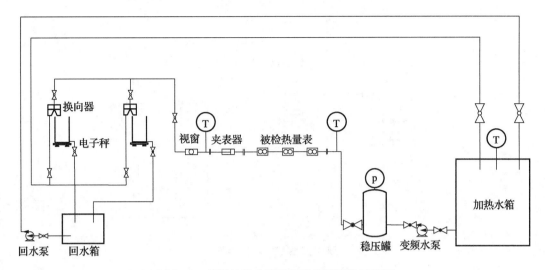

图 3-2　质量法热水流量标准装置结构示意图

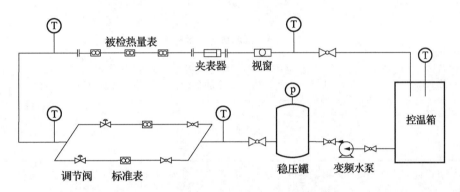

图 3-3　标准表法热水流量标准装置结构示意图

质量流量计、超声波流量计和其他满足检定要求的流量计等。采用质量法（称重法）时标准器为电子秤。

热水流量标准装置检定介质为清洁水，水中不应含有气泡。由于大多数装置的流量检测仪表或标准表采用电磁流量计，所以水介质的电导率可能会影响采用电磁感应原理的电磁流量传感器，水介质的电导率应高于 $200\mu S/cm$。

介质运行温度是 $(50\pm5)\,℃$（型式评价试验时温度为 $(85\pm5)\,℃$），检定冷量表的装置介质运行温度是 $(15\pm5)\,℃$。

标准装置的的供水压力应不大于被检表的最大允许压力，但应足以克服热量表的压力损失影响；供水压力应保持稳定，尽可能消除水锤、脉动、振动等因素的干扰。

检定过程中流量检定点应保持流量的相对变化在低区应不超过 $\pm2.5\%$，在高区应不超过 $\pm5\%$。

热水流量标准装置用于检定 2 级热量表，其准确度/扩展不确定度（包含因子为 2）应小于或等于 0.4%，如果标准表法达不到这个指标，那么就不能满足热量表及冷量表流量传感器最大允许误差绝对值的 1/5 要求。目前国内应用的热水流量标准装置采用质量法（称重法）的，其扩展不确定度（包含因子为 2）一般为 0.2%，扩展不确定度达到 0.4% 以下的（包含因子为 2）就可满足 2 级热量表的检定了。

（2）配对温度传感器检定装置

配对温度传感器检定装置主要由电阻测量设备、标准温度计、恒温槽等组成，如图 3-4 所示，或者可选择不确定度符合要求的数字温度计、精密测温仪等作为配对温度传感器的标准器。

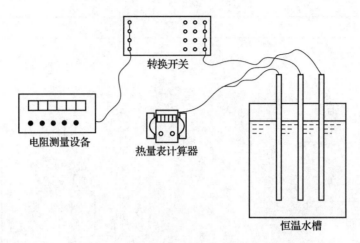

图 3 – 4　配对温度传感器检定装置结构示意图

　　配对温度传感器检定装置所用恒温槽其水平温场和最大两点间温度场（垂直温场）应满足表 3 – 4 要求。

表 3 – 4　恒温槽的技术要求

标准温度工作范围[①]（按被检表的检定需求，确定其范围）	垂直温场度（应满足被测温度计和标准温度计插入深度的要求）	工作区域水平温场均匀度	工作区域温度波动度
用于热量表：室温 ~ 95℃ 用于冷量表：(2 ~ 30)℃ 用于冷热两用表：(2 ~ 95)℃	≤ 0.01℃	≤ 0.01℃	≤ ± 0.005℃（15min）

　　[①]对普通热量表设计的工作温度 ≤ 95℃，温度上限 t_{max} 取 95℃，可采用恒温水槽；对高温热量表设计的工作温度 ≥ 120℃，温度上限 t_{max} 取 150℃，可采用恒温油槽。

　　配对温度传感器检定装置总的扩展不确定度（包含因子为 2）应小于或等于热量表配对温度传感器最大允许误差绝对值的 1/3。

　　（3）热量表积算器检定装置

　　热量表积算器检定装置由流量信号发生器、标准电阻箱（或电阻信号发生器）等组成，见图 3 – 5。

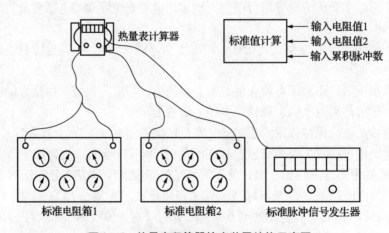

图 3 – 5　热量表积算器检定装置结构示意图

　　热量表积算器检定装置主要适用于流量信号可处理成统一的标准量值的热量表流量传感器。铂电阻温度计可以查阅温度 – 电阻分度表，所以热量表积算器的温度计量特性检定应用标准电阻箱较为方便。

3. 环境及外部要求

环境温度一般为（15～35）℃，环境条件应满足测温用数字仪表的说明书要求。环境相对湿度一般为（15～85）%；大气压力一般为（86～106）kPa；

供电电源：单相电源电压为（187～242）V，三相交流电源电压为（323～418）V，电源频率为（50±1）Hz；外界磁场干扰应小到对热量表影响可忽略不计。

二、检定项目

热量表的首次检定、后续检定项目列于表3－5中。

表3－5　热量表的检定项目

序号	检定项目	检定类别	
		首次检定	后续检定
1	外观检查	+	+
3	密封性试验	+	+
4	示值误差试验	+	+

注："＋"表示应检定项目；"－"表示可不检定项目。

修订后的检定规程取消了使用中的检验项目。

三、检定方法

检定方法既要全面覆盖技术指标，又要兼顾检定效率。修订的检定规程在型式批准大纲规定的试验覆盖全流量范围的基础上，选取了分界流量与最小流量间的一个流量作为热量表小流量的检定点，既考核了热量表的下限误差，又提高了测量效率。

对采用总量检定方法检定的热量表，在检定热量表热量值的同时，测量各个分量，并对总量和分量分别判定。

对采用分量组合检定的热量表，规程在考虑满足测量不确定度要求基础上，提出了配对温度传感器和计算器组合的检定方法，使得分量组合检定更加科学省时，更易操作。

由于热量表示值误差试验的检验方法包括总量检定方法和分量组合检定方法，规程中规定，热量表进行仲裁检定时，应采用分量组合检定方法。

1. 外观检查项目

外观检查主要是用目测或常规检具检查，主要内容见通用技术要求。

2. 密封性试验

将安装热量表的管路充满温度为（50±5）℃的水，然后关闭出水阀，同时将压力调节为热量表的最大允许压力，用目测法观察10min，热量表应无泄漏、渗漏或损坏。

将安装冷量表的管路充满温度为（15±5）℃水，然后关闭出水阀，同时将压力调节为热量表的最大允许压力，用目测法观察10min，冷量表应无泄漏、渗漏或损坏。

3. 示值误差

热量表的示值误差可以采用总量检定法或分量组合检定法，冷量表采用分量组合检定法。检定时应注意有的热量表只能做分量检定不能做总量检定，应区别对待，否则将会造成对检定结果的错误判断。

示值检定时，每个检定点的测试次数一般为1次。如果1次测试值的误差超过最大允许误差，应再重复2次测试，但后2次测试结果不应超过最大允许误差，且3次测试的算术平均值不超过最大允许误差为合格，否则为不合格。

（1）总量检定法

总量检定法一般适用于机械式热量表和不需要将温度传感器固定在热量表上对声速受温度影响进行补偿的超声波热量表。

1）热量表检定点的选择

① 检定热量表的热量值。热量表流量传感器测量时的水温为（50±5）℃，配对温度传感器温差测量的低温端温度为50℃，在以下种工况进行检定：

a）$\Delta\theta_{\min}\leqslant\Delta\theta\leqslant1.2\Delta\theta_{\min}$ 和 $0.9q_p\leqslant q\leqslant1.0q_p$；

b）$10℃\leqslant\Delta\theta\leqslant20℃$ 和 $0.1q_p\leqslant q\leqslant0.11q_p$；

c）$35℃\leqslant\Delta\theta\leqslant45℃$ 和 $0.04q_p\leqslant q\leqslant0.05q_p$（如果低于被检表的最小流量值，则按被检表最小流量值检定。）

工况 c）流量检定点是考虑了既能反映出热量表在小流量测量时的计量特性，又能提高热量表的的检定效率，经过大量试验确定的检定点。

② 考虑到检定过程中配对温度传感器中的回水温度传感器处于50℃条件下，上述三个工况检定完还需单独检定配对温度传感器中的回水温度传感器85℃的温度值。

2）测量过程

① 热量表热量值的测量过程

a）以下以质量法热水流量标准装置为例，描述热量表热量值的示值误差的检定方法。

按要求选择流量以及温差检定点。

在热水流量标准装置上安装被检热量表（装表时注意密封件不得凸入管内），通水使其平稳地运行一段时间，并观察确认管路中气泡已排除。同时将配对温度传感器放入两个恒温槽内，按温差点检定的要求控制其温度。恒温槽温度偏离不大于0.2℃。

将热水流量装置调至第 i 个流量检定点，稳定运行10min，并确认被检温度传感器与标准温度计达到热平衡后开始测量。每个温度点至少读数两次，取两次读数的平均值作为测量结果。一次检定过程中温度变化不应超过2℃，恒温槽的温度变化不应超过0.01℃。

b）数据记录

记录热水装置水温，衡器的初始值 m_{0i} 和结束值 m_{1i}；检定中恒温槽内的标准温度计的温度值。

记录被检热量表热量值的初始读数 Q_{0i} 和结束读数 Q_{1i}，记录热量表的流量初始值和结束值，配对温度传感器出入口的温度值及温差值。

c）数据处理

实际热量 Q_{ci} 按式（3-1）计算

$$Q_{ci}=(m_{1i}-m_{0i})\times C_i\times(h_{1i}-h_{0i})\times C_t \tag{3-1}$$

式中：h_{1i}、h_{0i}——水在高温恒温槽检定温度下的比熵值、低温恒温槽检定温度下的比熵值；

C_t——温度修正系数，$C_t=\rho_{计算}/\rho_{管路}$，$\rho_{计算}$ 是计算被检表流量计流量值对应温度下的水密度，$\rho_{管路}$ 是流经被检表流量计管路水温所对应的水密度；

C_i——第 i 检定点的浮力修正系数，按下式计算

$$C_i=\frac{\rho_i(\rho_b-\rho_a)}{\rho_b(\rho_i-\rho_a)} \tag{3-2}$$

式中：ρ_i——第 i 检定点称量的水的密度，kg/m^3；

ρ_b——所用砝码的密度，kg/m^3；

ρ_a——空气密度，kg/m^3。

如果称量装置检定流量计时不使用砝码，则浮力修正系数按式（3-3）计算

$$C_i=\frac{\rho_i}{(\rho_i-\rho_a)} \tag{3-3}$$

被检热量表的热量值 Q_{di} 按式（3-4）计算

$$Q_{di} = Q_{1i} - Q_{0i} \tag{3-4}$$

热量表第 i 检定点的热量值的示值误差 E_{Qi} 按式（3-5）式计算

$$E_{Qi} = \frac{Q_{di} - Q_{ci}}{Q_{ci}} \times 100\% \tag{3-5}$$

重复热量表热量值的测量过程a）、b）、c），将流量、温度、温差调到其他点，完成热量值的检定过程。

热量表各点的热量值的示值误差 E_{Qi} 按式（3-6）计算，其结果应符合的最大允许误差的规定

$$E_{Qi} = |E_i|_{max} \tag{3-6}$$

② 单独检定热量表配对温度传感器的回水温度传感器

将被检热量表的回水温度传感器放在设置温度为 85℃ 的恒温槽中，恒温槽温度偏离应不大于 0.2℃。待热平衡后，记录标准温度计和被检热量表的温度值，至少读数两次，取两次读数的平均值作为测量结果。

3）热量表的分量值判定

① 配对温度传感器温度及温差值的误差判定

被检热量表配对温度传感器的单支传感器在检定条件下各温度点测量的温度值与标准温度计测量的温度值之差的绝对值应小于2℃。

被检热量表配对温度传感器在检定条件下配对误差与标准温度计测量的温差值之差应满足配对温度传感器温差的最大允许误差的要求。

② 流量传感器的误差判定

被检热量表流量传感器在检定条件下测量的各个流量值的误差应满足流量传感器流量最大允许误差的要求。

（2）分量组合检定法

1）检定点的选择

① 流量传感器

检定流量传感器的累积体积流量。热量表流量传感器测量时的水温为（50±5）℃，冷量表流量传感器测量时的水温为（15±5）℃，应在以下三种流量范围内进行检定：

a）$0.04q_p \leq q \leq 0.05q_p$（如果低于被检表的最小流量值，则按被检表最小流量值检定）；

b）$0.1q_p \leq q \leq 0.11q_p$；

c）$0.9q_p \leq q \leq 1.0q_p$。

② 配对温度传感器和计算器组合

a）配对温度传感器的温度值和温差值

热量表：测量配对温度传感器50℃和85℃的温度值。

冷量表：测量配对温度传感器5℃和30℃的温度值

b）配对温度传感器和计算器组合的热量值

热量表：在低温端温度为50℃，高温端温度为65℃的温差条件下，检定配对温度传感器和计算器组合热量值，输入的流量信号应不超过计算器可接收的最大值。

冷量表：在低温端温度为5℃，高温端温度为20℃的温差条件下，检定配对温度传感器和计算器组合热量值，输入的流量信号应不超过计算器可接收的最大值。

2）测量过程

① 流量传感器

以启停质量法流量标准装置为例，流量传感器示值误差的检定方法如下：

a）检定时水温与流量点按规定进行。

b）将流量传感器安装到装置上，通水使其平稳地运行一段时间。

对于需要把温度传感器与热量表流量计安装到一起并起到对流量传感器进行修正时时（如超声波流量传感器需要进行温度对声速的修正），该传感器所处温度应与检定装置管路中水的温度一致。

c）调节流量调到第 i 个流量点，将水温调到检定温度点，稳定运行 10min；关闭流量开关阀，记录流量传感器初始值 V_{0i} 和秤初始值 m_{0i}，打开流量开关阀，使水流注入称量容器。当秤的示值达到预先规定的值时，关闭流量开关阀，记录流量传感器的终止值 V_{1i}、水温 T_{1i} 与室温，待容器内水面波动稳定后，记录秤终止值 m_{1i}。一次检定过程中水流量装置的温度变化应不超过 2℃。

d）计算流过流量传感器的标准体积量 V_{ci}

$$V_{ci} = \frac{m_{1i} - m_{0i}}{\rho_i} \times C_i \qquad\qquad (3-7)$$

式中：ρ_i——第 i 检定点称量的水的密度 kg/m^3

　　　C_i——第 i 检定点的浮力修正系数。

e）计算流过流量传感器的累积体积量 V_{di}

$$V_{di} = V_{1i} - V_{0i} \qquad\qquad (3-8)$$

f）流量传感器各流量点示值误差按式（3-9）计算

$$E_{qi} = \frac{V_{di} - V_{ci}}{V_{ci}} \times 100\% \qquad\qquad (3-9)$$

g）重复步骤 c）~ f），直到完成全部流量点检定。

h）流量传感器的示值误差 E_q 按式（3-10）计算，其结果应符合流量传感器流量误差 E_q 中流量传感器最大允许误差的规定

$$E_q = \left| E_{qi} \right|_{max} \qquad\qquad (3-10)$$

② 配对温度传感器和计算器组合

a）配对温度传感器的温度值和温差值的测量过程

将配对温度传感器放在同一个恒温槽内，按温度点检定的要求控制其温度，每个温度点至少读数两次，取两次读数的平均值作为测量结果。测量过程中恒温槽的温度变化应不超过 0.01℃。

配对温度传感器在各温度点测量的温度值与标准温度计测量的温度值之差的绝对值应不大于 2℃；配对温度传感器的入口温度传感器与出口温度传感器在同一温度点测量的温度值之差应满足最小温差的配对温度传感器温差的最大允许误差中准确度要求。

对于热量表，入口温度（85℃）和出口温度（50℃）之差的误差应满足热量表 35℃ 温差的配对温度传感器温差的最大允许误差 $E_{\Delta\theta}$ 中准确度要求。

对于冷量表，入口温度（5℃）和出口温度（30℃）之差的误差应满足热量表 25℃ 温差的配对温度传感器温差的最大允许误差中准确度要求。

b）配对温度传感器和计算器组合的热量值测量过程

将配对温度传感器放在两个恒温槽内，按温度和温差点检定的要求控制其温度，每个温度点至少读数两次，取两次读数的平均值作为测量结果。测量过程中恒温槽的温度变化应不超过 0.01℃。

输入流量信号，记录输入的累积流量值。输入的流量信号应不超过计算器可接收的最大值。热量标准值由标准温度计提供的温差和输入的累积流量通过计算得到。热量表的热量值从热量表读数得到。热量表热量值误差应不大于配对温度传感器和计算器最大允许误差绝对值之和。

4. 检定结果的处理和检定周期

经检定，对符合规程要求的热量表（或冷量表），签发检定证书或合格封签；对不合格的热量表

（或冷量表），签发检定结果通知书，并注明不合格项目。

检定周期一般不超过 3 年。

第三节　检定注意事项及要求

热量表的检定包括流量传感器、配对温度传感器和计算器的检定，其检定方法分为分量检定法（通常用于型式评价试验或出厂检定）、配对温度传感器与计算器的分量组合检定法和总量检定法。在上节中描述了热量表各检定法的检定过程，本节主要是根据实际检定工作中总结的一些经验来说明流量传感器、温度传感器和计算器检定过程中应注意的事项及要求，其中流量传感器方面的内容也适用于总量检定。

一、流量传感器检定

流量传感器的检定可从热水流量标准装置和热量表两个方面说明可能影响检测结果的因素。

（一）标准装置

1. 硬件方面

（1）管路布局

管路布局遵循的原则是前低后高。最高点应是称量容器进水口处或标准表法回水管处。应避免在管路中段出现局部高点，若无法避免，在其高点处应有排气措施。

表后管体积应尽量小。这里遵循的原则是汇管越少越好，特别是大口径装置中进入称量容器各管不能从汇管中分出。尤其是最小流量点检测管路，应尽量与其他大管路独立。

（2）管路保温

保温的目的不仅仅是为了减少热损耗，更重要的是为了保证检定过程中温度的稳定性。所以说，装置中所有部分，包括量器、流量计（标准表）安装管路、缓冲容器和水箱都应进行良好保温。测量直管段应采用低导热材料或应有外部保温措施。采用玻璃转子流量计进行瞬时流量测量的方式是不可取的。一般在最小流量点的检定过程中水温的变化不得超过 2℃，常用流量点水温的变化不得超过 0.5℃。

（3）测温点

被检表处的温度通常都是通过检测段前后安装的温度传感器经温度显示仪传输给计算机软件计算分布到每个表位上的。如果测温点与被检表距离过远则无法真实反映被检表处的温度，但也不能过近以影响流场的分布。其位置位于第一块表前约管道直径 10 倍处或其上游的弯头处为佳。另外，为了监测表后管内温度的变化情况，在量器入水口分界点处安装测温点是必要的。

上述三条对测量结果的影响见本章第四节热水流量标准装置不确定分析中关于中间管路温度变化影响和气泡影响部分的说明。

（4）直管段

直管段通常应该是被检表口径的 10 倍，除非经过充分试验数据验证可以缩短直管段的长度。因小口径装置其材料通常用工程塑料，所以其内壁加工须光滑。这里应该注意连接端面和密封圈结构，如图 3-6 所示。

图 3-6 中所示不合理结构有两个影响因素，一个是平垫有可能随着长时间使用变形而导致凸入到测量管径内，另一个是被检表与直管段端面之间存在缝隙。这两个现象都会破坏均匀的流场分布。

（5）空化现象

对多表位装置来讲，尤其在检测常用流量点时，为了避免末位表端处出现空化现象，最后一块表的出口端或流量调节前端应达到一定压力（通常应大于 0.1MPa）。这样可有效解决因空化效应而使表无法正常测量的问题，从而避免误测量引起的误差。

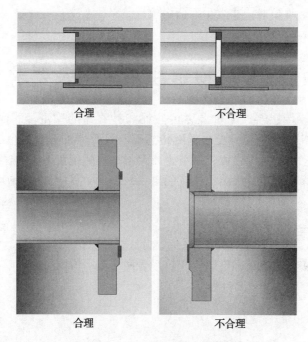

合理　　　　　　　　　　　　　不合理

合理　　　　　　　　　　　　　不合理

图 3-6　链接端面和密封圈结构

2. 软件方面

（1）排气过程

检测前应将管路中的气体充分排出。特别是大装置中广泛采用的多检测管段的装置，在进行排气过程中应确保被检表前后汇管中非检定口径管中的气体和各流量计（标准表）管路中的气体充分排出。此处容易出问题的是在检定小口径表时，安装大口径流量计（标准表）的管路没有打开，从而导致因该管路中的气体没有排出和管路中的水温没有达到平衡带来额外测量误差。因受装置操作者水平差异影响，所以此过程通常应由软件控制完成。排气的流程较复杂，通常应由程序根据管路结构自动完成，以避免由于操作人员不熟练造成局部管路没有充分排气。此外，应考虑到装置软件编程人员的局限性，排气过程中操作人员应注意观察软件控制流程是否完善，各流量计管路或表后其他汇管是否通水，汇管远端死管是否有排气措施或排气充分，排气时间是否足够保证观察视窗无微小气泡流过等。

（2）检定流程

检定流量点顺序应合理。为了有效消除因管路中水温变化引起的影响，排气后按中、大、小的流量点次序进行。尤其是企业在多点测试用于热量表系数调整时，应避免出现流量点从大一直到小而导致介质温度不断降低的现象。这就要求软件能够根据用户要求实现检定次序的任意选定。

称量容器应进行预装量或预加热。为减少量器内介质的蒸发，使用容器时应尽量保证各流量点的连续检定，中间不进行容器的排空过程。当进行单点检定或型式评价时多流量点检测无法满足此条件时，软件应对检定流量点进行判断，是否需要进行容器的预装底量或预加热，以保证开始称量前容器内空气体积与检定量体积比值≤6.5 及量器内的空气的温度与检定介质温差≤20℃。其影响量见本章第四节质量法流量标准装置中有关蒸发量方面的分析。

（3）温度采集及分配

根据温度测量引起的测量不确定度分析，被检表处温度的测量应具备以下条件：

① 检定段进口温度和出口温度是多次采集的平均值。

② 温度计测量误差应不超过单支铂电阻温度计的允许误差限。

③ 测量的次数应该尽量多，以保证在通水开始时的温度瞬变的反映能力，通常应不少于 2 次/s。如果只在通水开始或结束时读取温度值是难以满足要求的，即使是直接读取被检表本身的温度也是不可

取的。

④ 每个表位的温度应根据前后温度测量点与表位的几何关系线性分配到每个表位上。不同口径的表因其装表数量也不同，所以其分配关系是不一样的。

（4）影响装置不确定度有关分量应得到有效及时的监控，如换向器换向时间、启停法阀门的开关时间、水密度修正量等。这些量值的变化将直接影响到测量结果的准确度。

（5）检定记录信息如温度、密度、焓值（或 k 系数）、标准值等应全面，便于软件进行量值验证。

（6）因热量表通讯协议没有完全统一或其他技术原因，导致有些企业装置检定软件与调表软件脱节。因调表软件更注重于表的通讯和数据改写，易忽略装置本身各不确定度的影响，所以原则上调表软件不能代替检定软件进行表的出厂检定。

（7）装置软件检定环节的全自动运行是保证量值准确与可靠、产品质量控制、提高生产效率和设备安全运行的有力保障。

3. 标准器

（1）规格匹配

质量法标准装置如果需配备多台电子秤时，考虑到每个电子秤的最小使用量（或最小检定量）限定问题，选择秤的测量上限时通常应按大于 1∶5 的方式匹配。如果匹配不合理将导致最小流量点检定时间过长，或大流量点检定时间不足。电子秤的高准确度有助于减少配备电子秤的数量。

对于标准表法标准装置如何配备标准表的规格应按照标准表的流速范围选取，而不是按照被检热量表的同规格选择。流速上限越大要求水泵的扬程越高。目前装置大部分标准表为电磁式流量计，其流速范围通常在 $(0.5\sim5)\,m/s$，准确度应达到 0.2% 水平。

（2）最小检定量限制

电子秤或标准表的准确度与检定量紧密相关，电子秤最小检定量取决于秤的检定分度值大小，标准表的最小检定量则取决于标准表的脉冲当量大小，而不是电子秤和标准表的显示分辨力大小。检定量越小测量不确定度就越大，为此评定一台装置的不确定度大小需同时指明装置的最小检定量是多少。因此装置使用时程序必须给予限定检定量不得小于最小检定量的要求。

（3）标准器标定或量值核查

为提高电子秤的测量可靠性并充分减少检定分度值的影响，在检定前对电子秤进行量值的标定或核查是非常有效的手段。对小电子秤来讲建议装置配备标准砝码，对大装置来讲唯一可行的方法就是具备砝码自动加载系统。

对标准表来讲，因为与其出厂检测时在安装位置、介质温度、前后直管段等因素变化的影响，标准表本身显示的累积流量值在测量流速范围内其准确度通常很难达到 0.2% 的要求。为提高标准表的可靠性，装置软件应具备标准表在线专业标定程序。标定程序应具备所需温度、电子秤、标准表的数据采集、结果计算和各定流量点及其仪表系数的数据维护窗口等功能。为提高标定程序的工作效率，其工作模式应能实现无人值守的全自动标定。

（二）被检表

1. 同步

对于大装置而言通常采用的是非启停法检测，这就要求热量表具有同步功能。同步的实现通常有两个方法：一是具有脉冲输出功能的被检表通过脉冲信号作为触发开关控制换向器的动作或标准表脉冲的采集，因被检表同步误差为零，所以此方法是优先方案；二是当被检表不具备脉冲输出口时可通过光电头或 M－BUS 集中器给表发出某一特定同步指令，待计算机接收到表发回有效信息的同时控制换向器的动作或标准表脉冲的采集。因目前热量表新标准中规定的相关检定通讯协议还没有正式实施，所以第二种方法目前还无法实现。此时必须考虑热量表采样、计算、显示的时间间隔对测量结果的影响。减少此影响的途径就是尽量延长通水检测时间，仅通过拍照的方式无法解决此问题。其影响量大小见本章第四节中有关"同步或启停效应的影响"的说明。

2. 分辨力与最小检定量

与上条"同步"相对应，此条指采用启停法检测时由分辨力决定的最小检定量。根据误差理论通用要求，分辨力引起的误差通常应不大于被检表误差限的1/10，当满足此要求时可认为由此引起的误差可忽略不计。这里以DN20表（2级）最小流量点为例，其允许误差限为±3.0%；规程中规定的分辨力为0.01L，则最小检定量为0.01L/0.3% = 3.3L。

这里需注意的是表的真实分辨力不是仅仅由显示分辨力决定的，还要考虑被检表的计量特性，即机械表取决于叶轮每转动一圈的输出量；超声波表取决于流量信号的采集计算时间。目前，国内叶轮式流量传感器单流束的输出量为1L/19圈，多流束为1L/25圈，按每圈2个脉冲计则对应的分辨力分别为0.026L和0.02L，而不是被检表所指示的0.01L，其对应的最小检定量约为7L；超声波表按有效采样时间为250ms（每秒4次）计算，则在最小流量点50L/h下其最小检定量为 $(0.25/0.3\%) \times (50/3600) = 1.2L$。通常热量表累积计算并显示有两种方式：一是依据测量时间；二是累积一定的流量。在标准和规程中对此没有相应的规定，实际应用中可与生产厂家沟通。

3. 安装位置

无论是机械式或超声波式热量表，安装位置对其都有一定的影响，其影响量取决于表本身的性能好坏。这里尤其应注意装置第一块表和最后一块表安装位置处是否满足直管段的要求。

4. 水温

经过型式评价试验的表，可以证明其温度工作范围内的测量准确度。随着热量表技术的日趋完善和零部件生产企业的专业化、规模化，某些热量表生产企业为提高技术水平和降低生产成本，更换零部件。如果这些零部件没有经过严格的环境性能试验有可能会在检定温度范围外出现超差现象。

5. 检定点

原因同上。在非检定流量点上热量表也应满足准确度要求。

二、温度传感器检定

（一）设备配置

目前适用于热量表所用配对温度传感器的均为铂电阻温度计，还没有比之更有优势的其他型式的温度传感器得到应用，所以配对温度传感器标准装置的测量设备是按被测温度传感器为工业铂电阻温度计而选择的。标准装置通常由恒温槽、标准铂电阻温度计、电阻测量设备及多通道转换开关等设备组成，其中电阻测量设备测量范围应涵盖标准铂电阻温度计和被测配对温度传感器的电阻测量范围。实际应用中可使用一台电阻测量设备或两台设备分别用于标准温度计和被测温度传感器的测量。

标准铂电阻温度计一般使用标称 R_{tp} 为25Ω或 R_{tp} 为100Ω的标准温度计，按热量表通常工作温度范围（0~180）℃计算，所对应的电阻值分别约为（25~43）Ω和（100~172）Ω，配置电阻测量设备应满足上述对应电阻值的测量范围。热量表配对温度传感器目前进口产品一般选用Pt500（早先还有选用Pt100的，现在已很少使用），国产产品一般采用Pt1000，在测量范围（0~180）℃时，Pt1000和Pt500的电阻值分别对应于（1000~1685）Ω和（500~843）Ω。热量表配对温度传感器的温度和温场显示通过热量表积分仪实现。

下面举例说明两种电阻测量设置配置：

1. 国产设备

型号：HY2002（单通道）六位半热电阻测量仪

测量范围：（0~220.0000）Ω

分辨力：0.1mΩ

准确度：±（0.006%读数+1.0mΩ）

用途：标准温度计测量

型号：HY250（双通道）六位半热电阻测量仪
测量范围：（0～220.0000）Ω
分辨力：0.1mΩ/0.01℃
准确度：±0.004%/0.01℃
用途：标准温度计测量

型号：HY2003A（单通道）六位半热电阻测量仪
测量范围：（0～2.200000）kΩ
分辨力：1mΩ
准确度：±（0.01%读数+3.0mΩ）
用途：被测温度传感器测量

2. 进口设备

型号：Keithley2010 七位半多用数字表
测量范围：（0～100.00000）Ω挡
分辨力：0.01mΩ
准确度：±（0.0036%读数+0.9mΩ）
用途：标准温度计测量

型号：HP34401A 六位半多用数字表
测量范围：（0～10.00000）kΩ挡
分辨力：10mΩ
确度：±（0.01%读数+100mΩ）
用途：被测温度传感器测量

配对温度传感器温差检定时需要配置的设备，至少比单支误差检定所配置的设备增加 1 个恒温槽、1支标准铂电阻温度计。按照规程要求配对温差误差需要检定 3 个点，配置多台恒温槽可以提高工作效率。

（二）电阻值与温度之间的对应关系

目前所有标准和规程中均没有说明被测温度传感器和标准温度计测量的电阻与对应温度值的转换计算方法。参照 JJG 229—2010《工业铜、铂电阻检定规程》、JJG 164—2007《标准铂电阻温度计检定规程》说明如下。

1. 被测温度传感器

$$R = R_0 \times (1 + At + Bt^2) \tag{3-11}$$

式中：R——铂热电阻温度传感器的电阻值，Ω；

R_0——0℃时铂电阻温度传感器的名义电阻值，Ω；

A——铂电阻特性参数；3.9083×10^{-3}，1/℃；

B——铂电阻特性参数；-5.7750×10^{-7}，$1/℃^2$；

t——温度值，℃。

由上式可推出温度值与电阻值关系

$$t = \frac{-A + \sqrt{A^2 - 4B(1 - R/R_0)}}{2B} \tag{3-12}$$

2. 标准铂电阻温度计

标准温度由二等标准温度计测得电阻值，通过下述公式计算得到

$$W(t) = R(t)/R_{tp} \qquad (3-13)$$

$$\Delta W_8(t) = a_8(W(t)-1) + b_8(W(t)-1)^2 \qquad (3-14)$$

$$W_r(t) = W(t) - \Delta W_8(t) \qquad (3-15)$$

$$t = \sum_{i=0}^{9} D_i[(W_r(t)-2.64)/1.64]^i \qquad (3-16)$$

式中：$W(t)$——标准温度计在温度 t 时的电阻值 $R(t)$ 与水三相点温度下的电阻值 R_{tp} 之比；

$\qquad W_r(t)$——参考函数；

$\qquad \Delta W_8(t)$——差值函数；

$\qquad a_8, b_8$——分度系数；

$\qquad t$——标准温度计的温度值，℃；

$D_0 = 439.932854$，$D_1 = 472.418020$，$D_2 = 37.684494$，$D_3 = 7.472018$，$D_4 = 2.920828$，$D_5 = 0.005184$，$D_6 = -0.963864$，$D_7 = -0.188732$，$D_8 = 0.191203$，$D_9 = 0.049025$。

（三）标准铂电阻温度计

1. 连线方式

标准铂电阻温度计感应温度的测量元件处于铂电阻测量杆的端部，材料为纯度非常高的金属铂丝，它通过四根导线引出，引线的电阻值约为 2Ω。测量标准温度计的电阻值必须按照四线制电阻测量原理进行。当使用多用数字表时需具备并设置到四线制测量功能。使用铂电阻专用测试仪时，可以不需要对其设置。

数字表或专用测试仪通常会根据标准温度计连接线的颜色来标注其连接位置，否则连线时要区分引线，以免接错。如图 3-7 所示，通过两线电阻测量（用一般的数字万用表即可）可以确定哪两根线是从电阻的同一端点引出，哪两根引线是从电阻的两端引出。若接错线，测量的电阻值接近 0Ω，或测量仪表报错，这时交换一下电流端子和电压端子的其中一根导线即可。或者检查标准温度计的使用说明书，根据标注的颜色来接线。

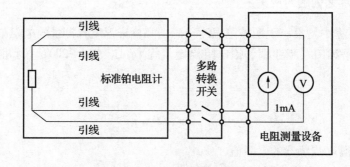

图 3-7　标准铂电阻测量接线

如果标准温度计与被测温度传感器的电阻测量使用同一套设备，那么被测温度传感器也应接成四线制测量形式。如图 3-8 所示，需要用导线将电流及电源端子短接。

2. 使用注意事项

（1）轻拿轻放

标准铂电阻温度计是精密、易损、价格高的测量设备，使用时要轻拿轻放，防止破碎损坏。

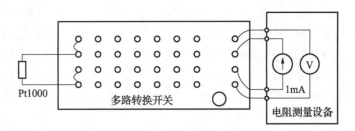

图 3 - 8　被测铂电阻温度计测量接线

（2）避免长期使用

如果恒温槽的温度控制已充分稳定，且槽内设备或环境温度变化不大则可将标准温度计取出。因为若长期使用，恒温槽的振动和搅拌会使电阻丝发生形变，对测量结果影响较大。即使是金属杆的铠装标准温度计也会受到同样影响。将标准温度计放入玻璃套管中感应温度，再将玻璃套管固定于恒温槽内，可有效解决此问题，但应注意将玻璃管内注入同样导热介质，并等待较长的响应时间。

（3）远离干扰源

电测设备（包括多通道转换开关）不要放置于恒温槽台面上，其原因一是台面温度较高，二是恒温槽温度调控器件及恒温槽自身的振动可能对测量结果产生影响。

3. 电阻测量设备

在前面列举了现有的一些配置，实际工作中应根据用途来选择相应的测量设备，即为了检定温度和温差、同时须满足最大允许误差的 1/3。根据不确定度分析结果来看，最小温差为 3℃ 的温差检定只有具有与 HY250 和 Keithley2010 相同指标的测量设置才能满足要求，而对于冷量表最小温差仅为 2℃ 的温差的检定，只有上述设备是不够的。具体见本章第四节温差测量不确定度的分析。

4. 示值核查

标准温度计和电阻测量设备都受长期稳定性和短期稳定性的影响，为了保证标准温度计测量结果的可靠性，可通过两个标准温度计自我核查的方法来验证其示值准确度。方法是：在开始测量前将两个标准温度计同时放入一个具有恒定温度的恒温槽内，观察两个标准温度计测量温度的一致性。若温度差值在 0.007℃ 范围内，则可放心使用标准温度计。这个过程也是对配对温度传感器检定温差误差时为保证测量结果不确定度所必须要做的工作。具体见本章第四节温差测量不确定度的分析。

（四）恒温槽

1. 稳定时间

恒温槽的波动度对于温度测量的可靠性有很大的影响，恒温槽在调节和稳定过程中一般采用 PID 调节。温度的调节快慢与环境有一定的关系，当环境温度有较大变化或插入的铂电阻数量有变化时，如果温度长时间不能稳定，可以重新启动恒温槽，使其重新进行温度调整。

规程里提到了 10min 的稳定时间，这只是一个参考量。实际应用中恒温槽温度的稳定时间可以通过观察被测量标准温度计的电阻值的上下波动度来确定。

2. 插入深度

二等标准温度计插入恒温槽的深度是有要求的，一般为 300mm，如图 3 - 9 所示。对于其他型式的标准温度计可按其说明书使用。

为保证插入深度的有效性，应随时观察恒温槽导热介质的液位并按照要求补充，以防加热丝干烧，造成设备损坏。介质可选用蒸馏水，当工作温度高于 95℃ 时可选用硅油。

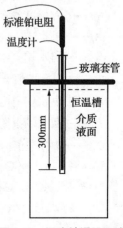

图 3 - 9　温度计浸没深度

　　被检表配对温度传感器的插入深度原则上应与标准温度计一致，这样可消除恒温槽纵向波动度的影响。但实际应用中被测温度传感器的金属护套是不全部浸在水中工作的，所以护套与软导线结合处可能出现密封性不好的情况，这会导致恒温槽介质渗透进测量元件中并引起结果的错误。

　　为此，配对温度传感器的生产企业不建议将其直接放入水中，而是根据传感器在实际工作中的插入深度将探头置于检定专用支架上。若标准温度计与被测温度传感器在恒温槽内的插入深度不一样，在测量结果不确定分析中应有体现。

　　3. 良好接地

　　恒温槽应与热水装置有效联接或单独良好接地，否则将有可能引起被检表温度测量的不准确。

（五）检定方法

　　检定规程和行业标准里规定的方法是示值比较法，即：

　　1. 单支温度传感器示值误差

$$E = t - t_s \tag{3-17}$$

式中：E——被测温度传感器温度的示值误差，℃；

　　　　t——被测温度传感器温度示值，℃；

　　　　t_s——标准温度示值，℃。

　　2. 配对温度传感器温差误差

$$E = \frac{(t_f - t_r) - (t_{sf} - t_{sr})}{t_{sf} - t_{sr}} \times 100\% \tag{3-18}$$

式中：E——被检配对铂电阻计温差的示值误差，%；

　　t_f，t_r——供、回水铂电阻温度计所测量的温度示值，℃；

　　t_{sf}，t_{sr}——供、回水标准温度，℃；

　　欧洲标准规定的温差检定方法是系数计算法，即将配对温度传感器放在同一个恒温槽内，分别在三个温度下测量供、回水两个温度传感器对应的电阻值，由此求出被测量温度传感器的 R_0，A，B 三个特性值。配对温度传感器温差的误差按下式计算

$$E = \frac{\dfrac{R_{0f} - R_{0r}}{R_0} + (t_f \delta A_f - t_r \delta A_r) + (t_f^2 \delta B_f - t_r^2 \delta B_r)}{A_N(t_f - t_r)t + B_N(t_f^2 - t_r^2)} \times 100\% \tag{3-19}$$

式中：R_{0f}——供水铂电阻 R_0 值，Ω；

　　　　R_{0r}——回水铂电阻 R_0 值，Ω；

　　　　R_0——R_0 标准值；

　　　　A_f——供水铂电阻 A 值，1/℃；

　　　　A_r——回水铂电阻 A 值，1/℃；

　　　　A_N——A 标准值 $= 3.9083 \times 10^{-3}$，1/℃；

　　　　B_f——供水铂电阻 B 值，1/℃²；

　　　　B_r——回水铂电阻 B 值，1/℃²；

　　　　B_N——B 标准值 $= -5.7750 \times 10^{-7}$，1/℃²；

　　　　$\delta A_f = A_f - A_N$，1/℃；

　　　　$\delta A_r = A_r - A_N$，1/℃；

　　　　$\delta B_f = B_f - B_N$，1/℃²；

　　　　$\delta B_r = B_r - B_N$，1/℃²。

三、计算器检定

（一）标准器

1. 装置构成

计算器的检定是指分体式热量表中仅用于接收流量和温度的信号，并进行热量的计算、累积、存储和显示等组成部分的检定。通常它接收的是模拟流量的标准脉冲信号及模拟温度的电阻信号。对整体式热量表中的同时具有流量、温度和热量运算、计算等功能的计算器，因没有相对应的专用流量信号发生器，可通过表本身自带的流量信号模拟功能或采用以实流方式代替流量信号模拟的方法得到流量，否则将无法进行计算器的单独检定。

设备配置通常使用两台标准电阻箱，分别用于模拟供、回水口温度传感器的温度；一台流量信号发生器，用于模拟流量信号。

2. 流量信号模拟

流量信号发生器是指输出标准方波信号的脉冲信号发生器，使用时应注意其输出频率应在被检表对应最大流量和最小流量的接收范围之内。接收范围可通过该热量表配套流量传感器的输出脉冲当量计算得到。

脉冲信号发生器输出的脉冲个数应与设定的输出量一致，不得少发或多发；其个数的多少（即检定量的大小）取决于被检表热量显示的分辨力，即分辨力与模拟的累积热量值（脉冲个数×脉冲当量×k 系数×温差）之百分比应小于对应该温差点下计算器最大允许误差的 1/10。如果采用计算器自模拟方式或实流方式，同样要求模拟的流量值应满足这个要求。

不管采用何种模拟方式，计算标准热量时的标准流量值应使用计算器经模拟后显示的实际流量值。从这个意义上讲流量信号模拟带来的误差影响为零。

3. 温度信号模拟

即使检定合格的标准电阻箱，实际使用时也要考虑等级带来的影响，否则对于较小温差的测量会带来较大的误差。

下面以 0.01 级标准电阻箱模拟 Pt1000 铂电阻温度计 50℃和 53℃为例进行说明，见表 3 - 6。

表 3 - 6 模拟 Pt1000 铂电阻 50℃及 53℃

模拟 Pt1000 铂电阻 50℃（1193.97Ω）				模拟 Pt1000 铂电阻 53℃（1205.52Ω）			
挡位	0.01 级	误差/Ω	误差/℃	挡位	0.01 级	误差/Ω	误差/℃
1000	0.01%	0.1	0.026	1000	0.01%	0.1	0.026
100	0.01%	0.01	0.003	200	0.01%	0.02	0.005
90	0.02%	0.018	0.005	0	0.02%	0	0.000
3	0.05%	0.0015	0.000	5	0.05%	0.0025	0.001
0.9	0.5%	0.0045	0.001	0.5	0.5%	0.0025	0.001
0.07	5%	0.0035	0.001	0.02	5%	0.001	0.000
合计		0.1375	0.036	合计		0.126	0.033

根据上述数据，可得出 0.01 级的电阻箱在模拟 53℃ - 50℃ = 3℃温差时的相对扩展不确定度为

$$2\sqrt{\left(\frac{0.036}{\sqrt{3}}\right)^2 + \left(\frac{0.033}{\sqrt{3}}\right)^2}\bigg/3 = 1.9\% \tag{3-20}$$

其本身已超过计算器在 3℃ 温差点的最大允许误差 ±1.5%。所以检定计算器在最小温差点误差时，必须对标准电阻箱输出的电阻值通过电阻测量设备进行测量。

下面举例说明模拟电阻值差值的不确定度或最大允许误差。

在温差 $\Delta\theta = \Delta\theta_{min}$ 检定点，当 $\Delta\theta_{min}$ 为 3℃ 时，计算器的最大允许误差为

$$\pm\left(0.5 + \frac{\Delta\theta_{min}}{\Delta\theta}\right) \times 3\% = \pm 0.045℃ \tag{3-21}$$

按照扩展测量不确定度为被检表最大允许误差的 1/5 时计算，对应温度的不确定度为 0.009℃，对应 Pt1000 铂电阻的电阻差的不确定度为 0.0336Ω（0.009℃ × 3.85Ω℃）。即模拟 50℃ 电阻值的最大允许误差 E_{R50} 和模拟 53℃ 电阻值的最大允许误差 E_{R53} 应满足

$$2\sqrt{\left(\frac{E_{R50}}{\sqrt{3}}\right)^2 + \left(\frac{E_{R53}}{\sqrt{3}}\right)^2} \leqslant 0.03465Ω \tag{3-22}$$

由于单支温度传感器的温度偏差对热量表计算热量值的影响很小，所以使用标准电阻箱输入温差时，仔细调节其输出的电阻的差值即可，不用刻意调整出某温度下对应的电阻值。规程修订时对单支温度传感器测温偏差放大为 2℃，与 EN 1434 欧洲标准的要求保持一致。

一种可行的方法是采用定值的标准电阻代替电阻箱。

（二）被检表

在检定过程中会涉及被检表的以下参数：

（1）最小和最大工作温度：θ_{min}，θ_{max}；

（2）最小和最大工作温差：$\Delta\theta_{min}$，$\Delta\theta_{max}$；

（3）安装位置：供水口或回水口；

（4）最大允许工作压力。

表的安装位置不能混淆，没有真正可任意安装位置的热量表。这里涉及到计算标准热量时密度或 k 系数的取值（见下条说明）。对于表铭牌没有标注或标注为"可供水或回水安装"的热量表可通过观察哪支温度传感器与流量传感器安装在同一管路来判断。若其为大口径表且表体上没有安装温度传感器时，国内通常默认为供水口安装或询问用户确定；检定合格后应在证书中注明其适用的安装位置。

（三）实际热量值计算

按照焓差法公式，累积热量为

$$Q = \int_0^t q_m \cdot \Delta h \cdot dt = \Delta m \cdot \Delta h \quad \text{其中：} \Delta m = V \cdot \rho_s, \ \Delta h = h_f - h_r \tag{3-23}$$

或由 k 系数法公式，累积热量为

$$Q = \int_0^V k \cdot \Delta\theta \cdot dV = k \cdot \Delta\theta \cdot V \quad \text{其中：} \Delta\theta = \theta_f - \theta_r \tag{3-24}$$

式中：V——模拟流量值，m^3；

ρ_s——介质的密度，kg/m^3；此密度指与流量传感器安装同一位置处介质温度所对应的密度；即供水口或回水口温度传感器测温对应的密度。密度值可通过查表读取或通过公式计算得出，按哪个压力查表或计算取决于设定压力。当热量表的最大工作允许压力小于等于 1.0MPa 时的设定压力为 0.6MPa，大于 1.0MPa 并小于等于 2.5MPa 时的设定压力为 1.6MPa；

h_f，h_r——供水口温度与回水口温度对应的比焓值，压力参数同上选定，kJ/kg；

k——热量系数，与安装位置有关，压力参数同上选定，$kW \cdot h/(m^3 \cdot ℃)$；

θ_f，θ_r——供水口温度与回水口温度，℃。

热量单位换算：$1kW \cdot h = 3.6MJ$。

四、总量检定

1. 检定方法的工作原理

总量检定的工作原理是：由恒温槽提供热量表的进口温度（t_f）和出口温度（t_r），热水流量装置提供流量，使热量表流经一定质量的液体后，将热量表记录的热量值与计算的实际热量值进行比较得出热量表的总量检定的示值误差。

根据检定规程，实际热量 Q_c 为

$$Q_c = (m_1 - m_0) \times (h_1 - h_0) = \Delta m \times \Delta h \qquad (3-25)$$

式中：h_1，h_0——载热液体在高温恒温槽的温度下（进口温度）与低温恒温槽的温度下（出口温度）的比焓值，kJ/kg。

m_1，m_0——开始测量前和结束测量后电子秤的示值，kg。

上式是根据物理学概念的热量理论计算公式，其不仅适用于标准装置实际热量的计算，也同样适用于热量表计量的热量计算。

2. 热量表的工作原理

热量表热量计算公式为

$$Q_d = \int_0^t q_m \Delta h \mathrm{d}t \qquad (3-26)$$

针对此公式我们讨论一下热量表热量计量的工作原理。

如果流量传感器是采用质量法测量原理，则可直接采用此公式，通过流量传感器记录流经热水的质量与配对温度传感器测量温度对应的比焓值差计算出热量表的热量。但目前在热量表中使用的流量传感器（如叶轮机械式和超声波式）测量的都是流经热量表的水的体积 V_s，即其质量是通过 $m = V_s \cdot \rho_s$ 转换得到的。ρ_s 是通过与流量传感器安装于同一处的温度传感器测量的温度经过计算得到，即当热量表安装在进水口时，其密度由高温端温度传感器得到；安装在出水口时由低温端温度传感器得到。设流量传感器、高温槽和低温槽处的温度分别是 θ_s、θ_f、θ_r，其对应的体积和密度分别是 V_s、V_f、V_r 和 ρ_s、ρ_f、ρ_r，则流量传感器计量热水的真实质量为 $m = V_s \times \rho_s = V_f \times \rho_f = V_r \times \rho_r$。热量表出厂时其单片机程序已设定好，所以说由程序指定的用于密度计算的高、低温度传感器的温度取值不具有随意性，否则将导致间接计算的质量值出错。正如上部分计量器检定所述，没有真正意义上的可任意位置安装的热量表。

总量检定时，热量表的配对温度传感器放在两个恒温槽内，而不是将计算密度用温度传感器安装在流量传感器的同一位置，这就会出现流量传感器处的温度与恒温槽的温度不一样的情况。所以，总量检定时，表记录并用于热量计算的质量为 $m' = V_s \times \rho_f$（进口安装时）或 $m' = V_s \times \rho_r$（出口安装时），可见其值并不是真实质量，需对其值进行修正。即：$m = m' \times \dfrac{\rho_s}{\rho_f}$ 或 $m' \times \dfrac{\rho_s}{\rho_r}$。若以计算密度 $\rho_{计算}$ 代替 ρ_f 或 ρ_r，$\rho_{管路}$ 代替 ρ_s，则修正公式为：$m = m' \times \dfrac{\rho_{管路}}{\rho_{计算}}$。

3. 实际热量计算公式的适用性

总量检定的相对误差计算公式为

$$E = \frac{Q_d - Q_c}{Q_c} \times 100\% \qquad (3-27)$$

式中：Q_d——热量表显示的热量值；

　　　Q_c——规程公式计算的装置实际热量。

　　考虑到热量表的修正，则上式应更改为

$$E = \frac{Q_d \times \dfrac{\rho_{管路}}{\rho_{计算}} - Q_c}{Q_c} \times 100\% \qquad\qquad (3-28)$$

或

$$E = \frac{Q_d - Q_c \times \dfrac{\rho_{计算}}{\rho_{管路}}}{Q_c \times \dfrac{\rho_{计算}}{\rho_{管路}}} \times 100\% \qquad\qquad (3-29)$$

即

$$Q_c = (m_1 - m_0) \times (h_1 - h_0) \times \frac{\rho_{计算}}{\rho_{管路}} \qquad\qquad (3-30)$$

　　规程修订时实际热量 Q_c 已修改为此公式。

　　例如，若高温槽温度按 85℃（$\rho_{计算} = 968.84\text{kg/m}^3$），热水流量装置温度按 50℃（$\rho_{管路} = 988.25\text{kg/m}^3$），若没有考虑密度的修正，则原公式的错误计算将直接引起检定结果 -2% 的误差，可能导致表的检定结果不合格。只有当 $\rho_{计算}$ 完全与 $\rho_{管路}$ 一致，即计算密度用恒温槽温度与热水流量装置管路温度相同，现行规程中实际热量 $Q_c = (m_1 - m_0) \times (h_1 - h_0)$ 才成立。上述公式推导是对原计算公式的补充和完善。

　　若对上公式继续推导，则可以看出

$$Q_c = (m_1 - m_0) \times (h_1 - h_0) \times \frac{\rho_{计算}}{\rho_{管路}} = (V_1 - V_0) \times \rho_{管路} \times (\theta_f - \theta_r) \times C_p \times \frac{\rho_{计算}}{\rho_{管路}}$$

$$= (V_1 - V_0) \times (\theta_f - \theta_r) \times C_p \times \rho_{计算} = (V_1 - V_0) \times (\theta_f - \theta_r) \times k$$

$$= \Delta V \times \Delta \theta \times k$$

　　此公式即为按 k 系数（等于 $C_p \times \rho_{计算}$，C_p 为比热值）计算的热量值，k 系数是按安装位置取值的。因此按 k 系数表述的方式更为方便简洁，不会因两个温度不一致引起误计算。

　　正因为流过流量传感器处热水的温度与温度传感器测量的温度不是同一温度，所以使用上述公式时，被检表还需要满足一定的条件，即热量表流量传感器的工作原理与被测介质的温度无关，或者流量传感器的示值与介质温度没有修正关系。对于机械表来说，大多数表其测量机芯的材质具有足够的抗高低温性能，所以机械表基本可以满足上述条件。但对于超声波表来说相对复杂一些，因为表的流量测量原理和表的性能有关。对于可直接准确测量出声波在顺流和逆流下两个换能器之间距离的时间、且换能器在整个工作温度范围内能保持性能的一致性的热量表来讲，其流量与介质的温度无关。但大多数的超声波表仅通过测量顺流和逆流的时差量来测量流量，则其流量测量与声速相关，而声速的大小又直接与介质的温度相关，采用这种原理的超声波热量表需要通过温度传感器测量出流量传感器处的温度并对声速进行修正后才能准确测量出流量值，所以超声波表基本不能满足上述条件。

　　也就是说，大多数的超声波表进行总量检定时，需满足一个条件，即计算密度对应的温度必须与热水流量装置的温度相同，否则将直接引起表的检定结果不合格。

　　例如，超声波体积流量测量简化公式为

$$V = K \times \Delta t \times C^2 \qquad\qquad (3-31)$$

即

$$\Delta V = 2 \times K \times \Delta t \times \Delta C$$

式中：V——体积流量，m^3/s；

K——包括几何参数、流速分布修正系数等的各定量系数，m^2；

Δt——时间差，s；

C——声波在水中的传播速度，m/s。

可见，流量的大小与声速的大小成平方的关系。如果检定一块进水口安装的热量表，其热水流量装置温度为 50℃，高温槽温度为 85℃，则根据声速 C 与温度的关系（见图 3 – 10），可算出流量测量的误差达到约 +1.5%（此数据在实际测量中也得到了验证），这可能导致表的检定结果不合格。

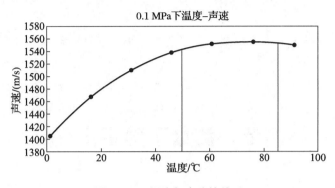

图 3 – 10　温度与声速的关系

既然要求两个温度必须相同，那么以安装位置在进水口为例，高温恒温槽的温度也应在 50℃，由此可能产生的最大温差最多也就是 50℃，这样就满足不了在最大温差点（通常远大于 50℃）下进行检定的条件。

综上所述，超声波热量表不完全具备总量检定的条件。建议采用分量组合检定法。

五、分量组合检定

1. 检定方法

分量组合检定是指流量传感器单独检定，计算器与温度传感器组合检定。流量传感器上的温度传感器不拆下，对流量传感器进行检定；流量传感器检定完毕后，拆下温度传感器，对温度传感器与计算器进行组合检定。

流量传感器的单独检定见本节第一部分"流量传感器检定"。

组合检定配对温度传感器与计算器时，流量值可以采用被检表自模拟流量信号产生，这里指的模拟流量信号发生器实际上是计算器在检定模式下根据测量的温差每次计算热量时代入的一个固定量值，此固定量值与温度完全无关。经一定次数测量并累积后得到表的热量计量值。具有此功能的热量表，可向生产企业索取此固定量值的累积值用于实际热量的计算。如果被检表不具备自模拟流量信号功能，可采用实流方式产生流量，热量表显示的流量值即为实测值参与实际热量计算。

2. 计算公式

（1）实际热量值

实际热量值可按总量检定的公式转换得出，即

$$Q_c = (m_1 - m_0) \times (h_1 - h_0) \times \frac{\rho_{计算}}{\rho_{管路}} = (m_1 - m_0)/\rho_{管路} \times (h_1 - h_0) \times \rho_{计算}$$

$$= \Delta V \times \Delta h \times \rho_{计算}$$

或者更直观地采用 k 系数计算公式

$$Q_c = \Delta V \times \Delta \theta \times k \tag{3 – 32}$$

式中：ΔV——模拟流量值或热量表显示流量值，m^3；

Δh——高、低温槽对应温度下的比焓值差，kJ/kg；

$\rho_{计算}$——表安装位置处密度，进水口为高温槽对应温度下的密度值；回水口为高温槽对应温度下的密度值，kg/m³；

$\Delta \theta$——高、低温槽温度差，℃；

k——热量系数，kW·h/(m³·℃)。

热量单位换算：$1kW·h = 3.6MJ$。

（2）最大允许误差

组合检定的最大允许误差按计算器与配对温度传感器最大允许误差的绝对值的算术和计算如下式

$$\pm \left(1 + 4\frac{\Delta \theta_{min}}{\Delta \theta}\right)\% \tag{3-33}$$

第四节　测量不确定度评定

一、概述

根据所用到的信息，表征赋予被测量值分散性的非负参数，简称为不确定度。它是一个说明给出的被测量估计值分散性的参数，也就是说明测量结果的值的不可确定程度和可信程度的参数，可以通过评定定量得到的。为了表征测量结果的分散性，测量不确定度用标准偏差的估计值来表示。估计的标准偏差是一个正值，因此不确定度是一个非负的参数。

测量不确定度包括标准不确定度、合成不确定度和扩展不确定度，用于不同场合对测量结果的定量描述。其中，标准不确定度是用标准偏差表示的测量不确定度；合成标准不确定度是由一个测量模型中各输入量的标准不确定度获得的输出量的标准不确定度；扩展不确定度是合成标准不确定度与一个大于1的数字因子（包含因子）的乘积。

热量表检定装置由热水流量标准装置、配对温度传感器检定装置和计算器检定装置三个部分组成。无论是按总量检定、分量组合检定还是分量检定，要确定热量表检测结果或检定装置的不确定度应分别从三个组成装置的不确定度分析着手。

在分析前，对被测量、公式或方法进行定义。

1. 标准不确定度的评定方法

对 A 类不确定度，按标准差的计算按贝塞尔公式确定

$$u = \sqrt{\frac{1}{n-1}\sum(x_i - \bar{x})^2} \tag{3-34}$$

自由度为 $n-1$。

对 B 类不确定度，按矩形均匀分布确定

$$u = \frac{a}{\sqrt{3}}$$

自由度为 ∞。

2. 测量结果计算数学模型

示值误差计算公式为

$$E = \frac{V_{示}}{V_{标}} - 1 \tag{3-35}$$

其标准不确定度为

$$u_E = \sqrt{\left(\frac{1}{V_{标}}\right)^2 u_{V示}{}^2 + \left(\frac{V_{示}}{V_{标}{}^2}\right)^2 u_{V标}{}^2}$$

其中：$V \approx V_{示} \approx V_{标}$。则可得到

$$u_E = \sqrt{\left(\frac{u_{V示}}{V}\right)^2 + \left(\frac{u_{V标}}{V}\right)^2} \qquad (3-36)$$

式中：$u_{V示}$——被检表标准测量不确定度

　　　$u_{V标}$——检定装置标准测量不确定度

下面将对装置三个组成部分分别进行不确定度的分析。

二、热水流量标准装置

（一）装置组成

热水流量标准装置目前大部分采用质量法和标准表法。按被检表示值读取时的状态，当表处于停止状态时又细分为启停质量法和启停标准表法；当表处于流动状态时分为静态质量法（换向器法）、动态质量法和动态标准表法。动态质量法通常是在国外大口径表装置上采用，另外在出厂检定时，国外生产厂家越来越多地采用了标准表法。

下面通过质量法和标准表法的标准装置来分析测量结果的不确定度，标准表法通常是通过质量法标定标准表，所以标准表法本身包含了质量法或其他上级标准传递给它的误差。

（二）装置不确定度要求

热水流量标准装置扩展不确定度（包含因子为2）应不大于热量表最大允许误差的五分之一。以二级表为例，在常用流量点下装置的扩展不确定度不得大于0.4%，最小流量点（按国内常见表 $Q_p/Q_i = 50$）下不得大于0.6%，即标准不确定度不得大于0.2%及0.3%。

（三）质量法测量结果不确定度分析

1. 标准体积测量模型

$$V_N = \frac{M}{\rho_{W(t_W)}} K_K \cdot K_C \qquad (3-37)$$

式中：V_N——流过被检表处水的实际体积；

　　　M——流过水的称量值；

　$\rho_{W(t_W)}$——测量过程中在 t_W 温度下被检表处水密度；

　　　K_K——空气浮力修正系数；

　　　K_C——插入称量容器中管道修正系数（如果有的话）。

2. 不确定来源分析

考虑到装置其他部分可能影响测量结果，进行不确定度分析时应考虑以下因素带来的影响：

（1）电子秤的不确定度；

（2）空气浮力对电子秤测量值的影响；

（3）水密度确定的不确定度；

（4）换向器的影响（静态质量法时）及热量表同步误差的影响；

（5）启停效应的影响（启停质量法）；

（6）管道系统中的温度变化；

（7）检定段中的气体；

（8）称量容器中水蒸发的影响

则可将式（3-37）表述为

$$V_N = \frac{M}{\rho_{W(t_W)}} K_K \cdot K_C + \delta V_H + \delta V_G + \delta V_Q + \delta V_Z \qquad (3-38)$$

式中：δV_H——换向器或启停效应引起的影响；

δV_G——中间管道温度变化引起的影响；

δV_Q——检定段中气体引起的影响；

δV_Z——蒸发引起的水体积变化。

3. 标准不确定度

根据式（3-38）可得出标准体积 V_N 的相对合成标准不确定度为

$$\frac{u_{V_N}}{V_N} = \sqrt{\left(\frac{u_M}{M}\right)^2 + \left(\frac{u_{\rho_W}}{\rho_W}\right)^2 + \left(\frac{u_K}{K_K}\right)^2 + \left(\frac{u_C}{K_C}\right)^2 + \left(\frac{u_H}{V_N}\right)^2 + \left(\frac{u_G}{V_N}\right)^2 + \left(\frac{u_Q}{V_N}\right)^2 + \left(\frac{u_Z}{V_N}\right)^2} \qquad (3-39)$$

上式在推导中忽略了高阶项，并且认为各影响量之间是互不相关的。其中各项标准不确定度表征了各影响量的标准不确定度。这些不确定度中有 A 类不确定度，但大部分为 B 类不确定度。

下面对各标准不确定度分量进行定量评定。

（1）电子秤称量值

目前国内装置电子秤通常采用三级电子秤，其检定分度值有 3000e 和 6000e 两种。按电子秤检定规程要求，以 DN25 装置采用 150kg 电子秤为例，其最大允许误差及分辨力见表 3-7。

表 3-7　最大允许误差及分辨力

型号	称量范围/kg	称量范围/kg	称量范围/kg	最高分辨力
	0～25	25～100	100～150	
3000e	最大允许误差	最大允许误差	最大允许误差	10g
	±25g	±50g	±75g	

型号	称量范围/kg	称量范围/kg	称量范围/kg	最高分辨力
	0～10	10～40	40～150	
6000e	最大允许误差	最大允许误差	最大允许误差	5g
	±10g	±20g	±30g	

按 JJG 164《液体流量标准装置检定规程》要求对电子秤进行检测。

A 类相对标准不确定度为

$$\frac{u_{M1}}{M} = \frac{1}{m}\left[\frac{\sum_{i=1}^{n}(\Delta m_i - \Delta m)^2}{n-1}\right]^{1/2} \times 100\% \qquad (3-40)$$

B 类最大相对标准不确定度为

$$\frac{u_{M2}}{M} = \frac{\Delta m}{2m} \times 100\% \qquad (3-41)$$

评定时，最小流量点检定量按 5kg 计，常用流量点按 50kg 计。对 A 类不确定度，无论重复性多大，我们以电子秤的分辨力作为 A 类不确定度来评定（取两者最大值作为 A 类不确定度）。则：

3000e 电子秤：

最小流量点 Q_i：$\dfrac{u_{M1}}{M} = 10/5000/\sqrt{3} \times 100\% = 0.12\%$

常用流量点 Q_p：$\dfrac{u_{M1}}{M} = 10/50000/\sqrt{3} \times 100\% = 0.01\%$

6000e 电子秤：

最小流量点 Q_i：$\dfrac{u_{M1}}{M} = 5/5000/\sqrt{3} \times 100\% = 0.06\%$

常用流量点 Q_p：$\dfrac{u_{M1}}{M} = 5/50000/\sqrt{3} \times 100\% = 0.005\%$

对 B 类不确定度，最大偏差按电子秤在此称量范围的最大允许误差计，则：

3000e 电子秤：

最小流量点 Q_i：$\dfrac{u_{M2}}{M} = 25/5000/2 \times 100\% = 0.25\%$

常用流量点 Q_p：$\dfrac{u_{M2}}{M} = 50/50000/2 \times 100\% = 0.05\%$

6000e 电子秤：

最小流量点 Q_i：$\dfrac{u_{M2}}{M} = 10/5000/2 \times 100\% = 0.12\%$

常用流量点 Q_p：$\dfrac{u_{M2}}{M} = 30/50000/2 \times 100\% = 0.03\%$

合并上述两值，则：

3000e 电子秤：

最小流量点 Q_i：$\dfrac{u_M}{M} = \sqrt{\left(\dfrac{u_{M1}}{M}\right)^2 + \left(\dfrac{u_{M2}}{M}\right)^2} = 0.28\%$

常用流量点 Q_i：$\dfrac{u_M}{M} = \sqrt{\left(\dfrac{u_{M1}}{M}\right)^2 + \left(\dfrac{u_{M2}}{M}\right)^2} = 0.05\%$

6000e 电子秤：

最小流量点 Q_i：$\dfrac{u_M}{M} = \sqrt{\left(\dfrac{u_{M1}}{M}\right)^2 + \left(\dfrac{u_{M2}}{M}\right)^2} = 0.14\%$

常用流量点 Q_i：$\dfrac{u_M}{M} = \sqrt{\left(\dfrac{u_{M1}}{M}\right)^2 + \left(\dfrac{u_{M2}}{M}\right)^2} = 0.03\%$

从电子秤的评定结果来看，对 3000e 的秤来说，在小流量点其标准不确定度已非常接近前面对装置标准不确定 0.3% 的要求。虽然说在 B 类评定中是以秤的最大允许误差来取值的，但同时我们评定时只考虑了秤一次读数而忽略了两次读数（初值和终值）可能带来的影响，以及秤长期稳定性的影响。采用 6000e 秤的装置大多是计量技术机构用来进行热量表产品的型式评价工作，此类装置的扩展不确定度在整个测量范围内通常是要求小于等于 0.2%，甚至是小于等于 0.1%。在这里我们看到最小流量点上秤的扩展不确定度已经达到了 0.28%，所以要满足 0.2% 的要求，在装置使用前对秤进行校准并修正 B 类误差是必须的工作，或者采用更小称量上限的电子秤。

这样，可以认为，对大多数装置来说电子秤的测量误差已达到热水流量标准装置要求不确定度的上限，所以后面各项因素的影响应达到一个可忽略不计的程度。我们以标准不确定度 0.3% 的十分之一（0.03%）作为指标来定量描述。

（2）水密度

水的密度 ρ_{W} 可用下式来表述

$$\rho_{\mathrm{W}}(t_{\mathrm{W}}, p_{\mathrm{W}}) = (\rho_{\mathrm{W_{de}}} + K_{\rho_{\mathrm{W}}})(1 - \gamma_{\mathrm{W}}\delta_{t_{\mathrm{W}}})(1 + \chi_{\mathrm{W}}\delta_{p_{\mathrm{W}}}) \tag{3-42}$$

查表值 ρ_{W} 的不确定度可忽略不计。因实际使用水存在不定程度的污染会引起水密度的变化，其修正系数 $K_{\rho_{\mathrm{W}}}$ 由定期对水进行密度检测得出，其不确定度由 $K_{\rho_{\mathrm{W}}}$ 的实际测量结果来估测，取其极限值（实际值应小于）0.03%，则

$$u(K_{\rho_{\mathrm{W}}})/\rho_{\mathrm{W}} = 0.03\% / \sqrt{3} = 0.017\%$$

温度对密度的相对不确定度的影响是由 γ_{W}，$\delta_{t_{\mathrm{W}}}$ 决定的，即温度测量的误差直接决定密度所查表误差的大小。目前装置大多采用工业铂电阻加显示仪表来实现，取铂电阻在 50℃ 时的误差限 $\delta_{t_{\mathrm{W}}} = \pm 0.55℃$ 进行估算，水的热系数 γ_{W} 附近的值约为 0.0005℃$^{-1}$，则

$$u(\gamma_{\mathrm{W}}\delta_{t_{\mathrm{W}}}) = \frac{0.0005 \times 0.55}{\sqrt{3}} \times 100\% = 0.016\%$$

可以看到，仅铂电阻自身的误差限引起的影响已经很大，所以需强调的是这里所指被检表处水的温度应是程序在开始与结束通水检测期间采集装置试验段进口和出口显示仪表的平均值，并根据对应被检表口径所能装夹表的数量按进、出口铂电阻温度计之间的长度线性分布在每一个被检表上。

水的压缩系数 $\chi_{\mathrm{W}} = 0.0005\mathrm{MPa}^{-1}$。通常装置程序密度查表时是根据一个固定压力（例如 0.6MPa）对应的密度表进行，而不是根据实际压力进行密度的计算。我们取装置的工作压力为 $(0 \sim 0.6)\mathrm{MPa}$，则

$$u(\chi_{\mathrm{W}}\delta_{p_{\mathrm{W}}}) = \frac{0.0005 \times 0.6}{\sqrt{3}} \times 100\% = 0.017\%$$

这样可求出水的密度取值的相对标准不确定度为

$$\frac{u(\rho_{\mathrm{W}})}{\rho_{\mathrm{W}}} = \sqrt{\frac{u^2(K_{\rho_{\mathrm{W}}})}{\rho_{\mathrm{W}}^2} + u^2(\gamma_{\mathrm{W}}\delta_{t_{\mathrm{W}}}) + u^2(\chi_{\mathrm{W}}\delta_{p_{\mathrm{W}}})} = 0.029\%$$

（3）空气浮力修正系数

使用电子秤时

$$K_{\mathrm{K}} = \frac{\rho_{\mathrm{W}}}{\rho_{\mathrm{W}} - \rho_{\mathrm{A}}} \tag{3-43}$$

式中：ρ_{A}——空气密度（1.20kg/m^3）；

　　　ρ_{W}——水密度（50℃：988.25kg/m^3）。

可计算得到 $K_{\mathrm{K}} = 1.0012$。以大气压力可能变化 10hPa 作为极限值，空气密度变化 $\leqslant 0.1\mathrm{kg/m}^3$，则此时 $K_{\mathrm{K}} = 1.0011$，其误差不会大于 0.0001，其对应的标准不确定度 $u_{\mathrm{K}}/K_{\mathrm{K}} < 0.006\%$，可忽略不计。

（4）中间管道温度变化带来的影响

此影响主要指被检表至标准器中间管道体积 V_{G} 因温度变化和管道与水的热胀系数不同而引起的体积变化所带来的影响

$$\frac{\delta V_{\mathrm{G}}}{V} = \frac{V_{\mathrm{G}}}{V}(\gamma_{\mathrm{W}} - \gamma_{\mathrm{G}})\Delta t \tag{3-44}$$

式中：γ_{W}——水的膨胀系数，在 50℃ 附近为 0.0005℃$^{-1}$；

　　　γ_{G}——管道材质的膨胀系数，其值为 0.00005℃$^{-1}$；

　　　Δt——试验过程中介质温度的变化。

当检定大流量点时，因 $V_G \ll V$，可忽略不计，当检定最小流量时或对大装置来说此影响必须给予考虑。

按 $u_G/V_N \leqslant 0.03\%$ 要求，即 $\delta V_G/V \leqslant \sqrt{3} \times 0.03\%$，取 $\Delta t = 2℃$，则

$$\frac{V_G}{V}(\gamma_w - \gamma_G) \times 2 \leqslant 0.052\%$$

即：
$$V \geqslant 1.72 V_G$$

分析此结果值，对 DN15 ~ DN25 装置，其最小流量点（0.03m³/h）检定量取 5kg，则要求中间管路的体积不得大于约 3L，是可实现的。对 DN15 ~ DN50 装置，若其中间管体积按 6L（DN50 管，长 3m）计，则最小流量点（0.03m³/h）检定量要求至少为 10kg，检定时间将持续约 20min。对 DN50 ~ DN200 装置，若其中间管体积按 125L（DN200 管，长 4m）计，则最小流量点（0.3m³/h）检定量要求至少为 215kg，检定时间将持续超过 40min。可以看出，装置口径越大，要保证其不确定要求越难。所以，对安装被检表下游为多汇管结构的装置而言，需在中间管适当位置处安装温度测量点进行此量的修正或者是对管路结构进行优化以减少最小流量管路与量器进水口中间管的体积。另外，为减少温度的变化，对管路进行良好保温也是必须的。

（5）插入管的浮力影响

为避免水在称量容器中的蒸发，所以量器进入管通常会插入到量器的底部，由此引起的浮力影响将达到（0.2 ~ 0.5）%，所以必须进行插入管的浮力修正。修正值的不确定度由几何测量精度决定，通常 $u_G/K_G < 0.01\%$，可忽略不计。

（6）换向器的影响及同步误差的影响

对大装置来说，换向器的不确定度是整个合成标准不确定度的主要组成部分。按 JJG 164 要求测出换向器时间差 Δt，并根据装置最短测量时间计算其相对标准不确定度为

$$\frac{u_H}{V_N} = \frac{1}{t_{min}}\left[\frac{\sum\limits_{i=1}^{n}(\Delta t_i - \Delta t)^2}{n-1}\right]^{1/2} \times 100\% \tag{3-45}$$

对开式换向器来说，保证此值在 0.03% 以内是可行的，但需增加相应措施减少其蒸发引起的影响；对往复式活塞闭式换向器而言，需进行仔细调整，最好的方式是采用旋转式活塞闭式换向器。

同步误差是指热量表进行动态读取数据时引入的误差，目前由中国计量协会热量表专业委员会制定的热量表通用通讯协议中对表的同步协议进行了规范，这样可避免热量表的同步误差。如果装置没有按此协议进行检测，则需考虑此误差的影响，此误差与热量表检定模式下的采样时间及数据传输、响应时间有关。如果取有效采样时间为 125ms（即每秒钟 8 次），响应时间不计，则按 $u_H/V_H = 0.03\%$ 的要求，最短检测时间需

$$t \geqslant \frac{0.125}{\sqrt{3} \cdot 0.03\%} = 240s$$

（7）启停效应的影响

对小口径装置来说，采用的工作原理通常是启停法。此影响主要是在打开阀门通水和关闭阀门断水瞬间因为流速的急剧变化给被检表带来的测量误差。开关阀门的时间（t）越短，检测时间（T）越长或检定量越大，其影响就越小。此影响与被检表体积的采样计算时间有关，以此采样时间大于阀门的开关时间作为影响量的最大值来评定，若要满足 $\leqslant 0.03\%$ 的要求，则

$$\frac{t}{T} \leqslant 0.03\% \times \sqrt{3} \leqslant 0.00052 \approx \frac{1}{2000}$$

即阀门开关动作时间至少为检测时间的二千分之一。对 DN15 ~ DN25 口径装置来说，在小、中流

量点是可行的，在常用流量点有难度，所以需对其影响值进行检测，其检测方式如换向器一样，可参见 JJG 164。以常用流量点阀门动作时间为 0.3s、检测时间为 120s 计作为常用流量点启停效应影响的最大量，则其值约为 0.14%。

（8）气泡的影响

气泡的影响有两个方面：一个是指水中含有微小气泡流过被检表及标准器，另一个是指在测量段中某一处存在气泡，但不随水流动。第一种现象产生的原因通常是由水泵吸入或稳压容器设计有缺陷所致，可通过观察视窗发现。第二种现象通常是因为排气时间过短，或在多检测管路系统装置（大装置中常用）中因排气过程设计不完善所致。

第一种现象带来的影响无法确定，必须消除此现象。由水泵引起的原因通常是水泵吸入口与液面距离过近，或者是水箱设计不合理导致回流水冲击使气泡没有浮出水面便被直接吸入水泵。由稳压容器引起的原因是内部结构设计缺陷使缓冲气体直接带入水中进入检测段。检定前应通过观察视窗明确确定水中没有气泡流过后方可进行检定。

第二种现象可以量化分析。假设在管路某一位置处留有一气泡，如果检定前后压力和温度没有变化，则对测量结果没有影响。如果在测量过程中温度发生了变化，则可对其影响进行评定：

按要求此项不确定度为 $\frac{u_Q}{V_N} \leqslant 0.03\%$，$V_Q$ 为气泡所占体积。则

$$\frac{\Delta V_Q}{V_N} \leqslant \sqrt{3} \times 0.03\% \leqslant 0.052\%$$

50℃附近空气的膨胀系数 $\beta = 0.0031℃^{-1}$，即 $\Delta V_Q = 0.0031 V_Q \Delta t$，则

$$V_Q \leqslant 0.17 V_N / \Delta t$$

设在极限情况下 Δt 变化了 2℃，且最小检定量为 5L 时，则

$$V_Q \leqslant 0.43L$$

即管路中暗藏气泡的容积应小于 0.43L，此条件较易满足。

（9）蒸发量

此影响量指热水在称量过程中的蒸发带来的测量误差。水的蒸发是在从一个水气饱合状态变成另一个饱合状态的过程中发生的。根据文献，空气饱合状态下的水含量（g/m³）如图 3-11 所示。从中可得出经验公式

$$m = 4 \times 10^{-6} \times t^4 + 5 \times 10^{-6} \times t^3 + 0.0155 \times t^2 + 0.2694 \times t + 5.0194$$

上式对温度求导，可得出每变化 1℃ 饱合空气水的含量为

$$\frac{\Delta m}{\Delta t} = 16 \times 10^{-6} \times t^3 + 15 \times 10^{-6} \times t^2 + 0.031 \times t + 0.2694$$

从上式可计算得出，在水温为 50℃ 时，使 $1m^3$ 的空气升高 1℃ 并达饱合状态需蒸发约 38.5g 的热水，即

$$\frac{\Delta m}{\Delta t}\Big|_{50} \approx 0.00385 \quad (kg/(m^3 \cdot ℃))$$

设称量容器中空气的体积为 V_K，Δt 为注水前后的温度差，则相对称量水质量的蒸发量为 F_V

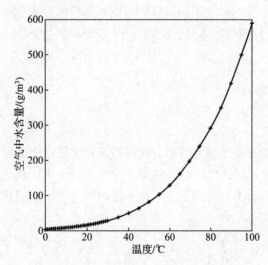

图 3-11　空气饱合状态下的水含量

$$F_{\mathrm{V}} = \frac{\Delta m}{M} 100 = 0.385 \frac{V_{\mathrm{K}}}{\rho_{\mathrm{W}} V_{\mathrm{N}}} \Delta t (\%)$$

$$\frac{u_{\mathrm{Z}}}{V_{\mathrm{N}}} = \frac{F_{\mathrm{V}}}{\sqrt{3}} = 2.2 \times 10^{-6} \frac{V_{\mathrm{K}}}{V_{\mathrm{N}}} \Delta t (\%)$$

Δt 值不超过 20℃，要保证 0.03% 的要求，则：$\dfrac{V_{\mathrm{K}}}{V_{\mathrm{N}}} \leqslant 6.5$。

以 DN15 ~ DN25 装置为例，在进行小、中流量点检测时，称量容器中的质量初值至少应为 20kg（称量容器的容积以 150kg 计）。

4. 装置测量扩展不确定度

汇总上面各不确定度分量，可归总得出装置的相对测量扩展不确定如下（包含因子为 2）

3000e 电子秤：

最小流量点

$$\frac{U_{V_{\mathrm{N}}}}{V_{\mathrm{N}}} = 2 \frac{u_{V_{\mathrm{N}}}}{V_{\mathrm{N}}} = 0.58\%$$

常用流量点

$$\frac{U_{V_{\mathrm{N}}}}{V_{\mathrm{N}}} = 2 \frac{u_{V_{\mathrm{N}}}}{V_{\mathrm{N}}} = 0.32\%$$

6000e 电子秤：

最小流量点

$$\frac{U_{V_{\mathrm{N}}}}{V_{\mathrm{N}}} = 2 \frac{u_{V_{\mathrm{N}}}}{V_{\mathrm{N}}} = 0.30\%$$

常用流量点

$$\frac{U_{V_{\mathrm{N}}}}{V_{\mathrm{N}}} = 2 \frac{u_{V_{\mathrm{N}}}}{V_{\mathrm{N}}} = 0.30\%$$

（四）标准表法测量结果不确定度分析

1. 标准体积测量模型

$$V_{\mathrm{N}} = n_{\mathrm{m}} \cdot a_{\mathrm{m}} \cdot K_{\mathrm{m}} \tag{3-46}$$

式中：a_{m}——标准表脉冲当量；

　　　n_{m}——标准表脉冲数；

　　　K_{m}——标准表仪表系数。

2. 不确定度来源分析

考虑到系统其他部分可能影响测量结果，则可将式（3-46）修正为

$$V_{\mathrm{N}} = n_{\mathrm{m}} \cdot a_{\mathrm{m}} \cdot K_{\mathrm{m}} + \delta V_{\mathrm{T}} + \delta V_{\mathrm{t}} + \delta V_{\mathrm{G}} + \delta V_{\mathrm{Q}} \tag{3-47}$$

式中：a_{m}——标准表脉冲当量；

　　　n_{m}——标准表脉冲数；

　　　K_{m}——标准表仪表系数；

　　　δV_{T}——被检表同步误差引起的影响（动态法时）或启停效应引起的影响（启停法时）；

　　　δV_{t}——被检表与标准表之间温差引起的误差；

δV_G——中间管道温度变化引起的误差；

δV_Q——水中气泡引起的误差。

3. 标准不确定度

根据式（3 - 47）可得出测量值 V_N 的相对合成标准不确定度为

$$\frac{u_{V_N}}{V_N} = \sqrt{\left(\frac{u_{n_m}}{n_m}\right)^2 + \left(\frac{u_{a_m}}{a_m}\right)^2 + \left(\frac{u_{K_m}}{K_m}\right)^2 + \left(\frac{u_T}{V_N}\right)^2 + \left(\frac{u_t}{V_N}\right)^2 + \left(\frac{u_G}{V_N}\right)^2 + \left(\frac{u_Q}{V_N}\right)^2} \qquad (3-48)$$

式（3 - 48）在推导中忽略了高阶项，并且认为各影响量之间是互不相关的。其中各项标准不确定度表征了各影响量的标准不确定度。这些不确定度有 A 类不确定度，但大部分为 B 类不确定度。

下面对各标准不确定度分量进行定量评定。

（1）标准表仪表系数引入的不确定度

仪表系数

$$K_m = \frac{V_m}{V_N}$$

式中：V_N——标准表示值；

　　　V_m——电子秤称量容积值。

此不确定度即由质量法装置引入的不确定度，从前面分析来看使用 3000e 电子秤装置其自身结果已接近对装置的要求，为此采用标准表法装置标准表的标定只能在 6000e 装置上才可行。取 6000e 装置相对合成标准不确定度

$$\frac{u_{K_m}}{K_m} = 0.15\%$$

（2）标准表脉冲数影响

这里指的是因标准表脉冲计数误差而要求的最小脉冲计数量，脉冲数计数误差为 -1～+1。设装置脉冲最小计数量为 2000 个，则引起的相对标准不确定度为

$$\frac{u_{n_m}}{n_m} = \frac{1/\sqrt{3}}{2000} = 0.03\%$$

此值表明，如果最小流量点检定量为 5L，则最小流量点标准表的脉冲当量应小于 0.0025L，以此类推。

（3）脉冲当量变化影响

此影响实际就是指标准表仪表系数的准确度和两次校准期间的稳定性。仪表系数应根据 JJG 643《标准表法流量标准装置》中定点使用方法标定得到，其不确定度即为仪表系数的重复性。一台好的流量计达到 0.1% 不应有大问题。为保证仪表系数的稳定性，应定期对标准表进行复查。前面提到，国外使用标准表法作为标准器使用的前提都是标准表可在本装置上随时进行标定，以此消除稳定性带来的影响。如果标准表无法进行在线标定，则取其仪表系数变化值为 ±0.1%，则相对标准不确定度为

$$\frac{u_{a_m}}{a_m} = \sqrt{0.1^2 + 0.1^2} = 0.14\%$$

所以说单独使用标准表作为标准，在开始阶段如何确定并减小其仪表系数的稳定性是很麻烦的事情。

（4）同步或启停效应的影响

标准表法动态检定时，其同步误差包含了热量表和标准表的同步误差。如果装置不具备同步协议，

则热量表的同步误差由热量表的采样时间引入，取采样时间 125ms，最短检测时间 240s，则由同步误差引起的不确定度为

$$\frac{u_T}{V_N} = \sqrt{\left(\frac{0.125}{\sqrt{3} \times 240}\right)^2 + \left(\frac{1}{\sqrt{3} \times 2000}\right)^2} = 0.04\%$$

因标准表法不受称量容器大小的限制，所以在常用流量点检测时应将检测时间至少延长至 480s，此时对应的不确定度最大值为 0.04%。

（5）标准表与被检表处温度不同的影响

因标准表处与被检表处温度不同，从而引起水体积的变化

$$\frac{\Delta V_t}{V} = \beta \cdot \Delta t$$

50℃ 热水其 β 值为 0.0005℃$^{-1}$，设 $\Delta t = 2$℃，则相对标准不确定为

$$\frac{u_t}{V_N} = \sqrt{\left(\frac{1}{V_N}\right)^2 u_{\Delta V_t}^2} = 0.0005 \times 2/\sqrt{3} = 0.06\%$$

（6）中间管道温度变化的影响

此影响主要指被检表至标准表中间管道因检定过程中温度的变化而引起的所容纳的水的体积的变化，见前面质量法装置描述。

（7）水中气泡的影响

见前面质量法装置描述。

4. 装置测量扩展不确定度

将上述各项值代入合成公式中，取包含因子为 2，可求出装置的相对测量扩展不确定为：

无在线标定标准表装置：$\dfrac{U_{V_N}}{V_N} = 2\dfrac{u_{V_N}}{V_N} = 0.46\%$

可在线标定标准表装置：$\dfrac{U_{V_N}}{V_N} = 2\dfrac{u_{V_N}}{V_N} = 0.42\%$

从上面的结果来看，无法进行在线标准表标定的纯标准表装置，其不确定度超过二级表要求，只能进行三级表的检测。两种装置同时应满足上述第（4）条对检测时间的要求。

（五）被检表检测结果不确定度分析

若能多次对热量表进行测量（通常不少于 6 次），则可通过贝赛尔公式求出其重复性作为标准不确定度。这里以热量表分辨力的方法来评定，其值通常会小于重复性误差值。按检定规程要求，热量表的分辨力为 0.01L，最小流量点和常用流量点的检定量仍按 5kg 和 50kg 计，则

$$\frac{u_{示}}{V_{示}} = \frac{0.01}{5 \times \sqrt{3}} = 0.12\%$$

$$\frac{u_{示}}{V_{示}} = \frac{0.01}{50 \times \sqrt{3}} = 0.01\%$$

这样就可求出热量表测量结果的相对扩展不确定度（包含因子为 2）为

（1）质量法（3000e）

最小流量点：0.63%；

常用流量点：0.32%

（2）标准表法

最小流量点：0.51%；

常用流量点：0.40%

三、温度传感器标准装置

（一）装置组成

1. 检定单支温度传感器设备构成

（1）标准铂电阻温度计1支；二等标准铂电阻温度计：$R_{tp}25$

（2）电阻测量设备1台

数字多用表：HP34401A

测量范围：（0～100.0000）kΩ挡/用于标准温度计

分辨力：0.1mΩ

准确度：±（0.01%读数+4.0mΩ）

测量范围：（0～10.00000）kΩ挡/用于被测温度传感器

分辨力：10mΩ

准确度：±（0.01%读数+100mΩ）

（3）多路转换开关（手动）

（4）恒温槽（水浴）1台

测量范围：（4～95）℃

均匀度：工作区域最大温差≤0.01℃

温度波动度：±0.01（℃/15min）

2. 检定配对温度传感器设备构成

（1）标准铂电阻温度计2支；二等标准铂电阻温度计：$R_{tp}25$

（2）电阻测量设备2台

热电阻测试仪：HY250

测量范围：（0～220.0000）Ω挡/用于标准温度计

分辨力：0.1mΩ：

准确度：±0.004%／±0.01℃；

或七位半多用数字表：Keithley 2010

测量范围：（0～100.00000）Ω挡/用于标准温度计

分辨力：0.01mΩ

准确度：±（0.0036%读数+0.9mΩ）

热电阻测试仪：HY2003A

测量范围：（0～2.200000）kΩ挡/用于被测温度传感器

分辨力：1mΩ

准确度：±（0.01%读数+3.0mΩ）

（3）多路转换开关（手动）

（4）恒温槽2台

测量范围：（4～95）℃

均匀度：工作区域最大温差≤0.01℃

温度波动度：±0.01（℃/15min）

（二）装置不确定度要求

现行国家检定规程 JJG 225—2001《热能表》以及 JJF 1434—2013《热量表（热能表）制造计量器具许可考核必备条件》要求，温度测量标准装置的扩展不确定度（包含因子为2）应不大于热量表配对温度传感器最大允许误差的 1/3。

配对温度传感器温差检定时，按最小温差 3K 温差，装置的扩展不确定度不得大于 0.021℃，冷量表按最小温差 2K 温差，装置的扩展不确定度不得大于 0.014℃。

（三）单支温度传感器测量结果不确定度分析

1. 示值误差测量模型

$$E = \theta_D - \theta_s$$

式中：E——被测温度传感器的示值误差，℃；

　　　θ_D——被测温度传感器的温度示值，℃；

　　　θ_s——二等标准温度计的温度示值，℃。

则测量结果的标准不确定度为

$$u = \sqrt{u_{\theta_D}^2 + u_{\theta_s}^2}$$

2. 不确定度来源分析

（1）插孔之间的温差引入的标准不确定度 u_1

恒温槽的插孔之间的温场均匀性不超过 0.01℃；检定过程中温度波动不超过 ±0.01℃/15min，均匀分布。

$$u_1 = \frac{\sqrt{0.01^2 + 0.01^2}}{\sqrt{3}} = 0.0082℃$$

（2）测量标准温度计电阻时电测设备引入的标准不确定度 u_2

HP34401A 的示值误差为 ±（读数值 ×0.010% ＋挡位 ×0.004% ）Ω。

$R_{tp}25$ 标准铂电阻温度计在 3℃的电阻值约为 25.3Ω。取示值误差的半宽，按均匀分布

$$u_2 = 25.3 \times 0.010\% + 100 \times 0.004\% = 6.53m\Omega$$

$R_{tp}25$ 标准铂电阻温度计的电阻与温度关系约为 0.1Ω/℃，折合成温度值

$$u_2 = \frac{25.3 \times 0.01\% + 100 \times 0.004\%}{0.1 \times \sqrt{3}} = 0.0377℃$$

（3）标准铂电阻温度计的长期稳定性 u_3

使用中的标准铂电阻温度计，从 0℃到 160℃各点的稳定性要求如表 3－8 所示。

表 3－8　0℃～160℃各点稳定性要求

温度点	稳定性
R_{tp}（水的三相点）	0.010℃
镓熔点，29.7646℃	0.008℃
铟凝固点，159.598℃	0.014℃

在标准温度计对应工作温度范围内选取 0.008℃作为标准温度计的长期稳定性，均匀分布

$$u_3 = \frac{0.008}{\sqrt{3}} = 0.0046 ℃$$

（4）转换开关引入的不确定度 u_4

转换开关的接触热电势最大不超过 $0.4\mu V$，均匀分布

$$u_4 = \frac{0.4}{\sqrt{3}} = 0.231 \mu V$$

根据经验数据，拆算成温度为

$$u_4 = 0.0006 ℃$$

（5）标准温度计传递引入的不确定度 u_5

标准温度计由上级校准传递的不确定度，$U = 4.5 mK$（包含因子为 2）（来自二等铂电阻温度计测量不确定度分析报告）

$$u_5 = \frac{0.0045}{2} = 0.0022 ℃$$

3. 装置测量扩展不确定度

汇总上面各不确定度分量，可归总得出装置的测量扩展不确定如下（包含因子为 2）

$$U = 2 \sqrt{u_1^2 + u_2^2 + u_3^2 + u_4^2 + u_5^2} = 0.08 ℃$$

可见单支温度传感器检定的装置扩展不确定度远远满足规程的要求。

4. 被检表温度测量结果不确定度

（1）自热效应引入的标准不确定度 u_6

电测量设备提供的测量电流为 1mA，根据经验数据约有 $20m\Omega$ 的影响，均匀分布

$$u_6 = \frac{0.02}{\sqrt{3}} = 0.0115 \Omega$$

换算成温度为

$$u_6 = 0.003 ℃$$

（2）热量表温度测量重复性可从两个方面分析，若能多次对温度进行测量（通常不少于 6 次）则可通过贝赛尔公式求出其重复性作为标准不确定度。这里以热量表温度的分辨力的方法来评定，其值通常会小于重复性误差值。按检定规程要求，热量表的分辨力为 $0.01℃$，则

$$u_7 = \frac{0.01}{\sqrt{3}} = 0.006 ℃$$

这样可求出热量表测量结果的扩展不确定度（包含因子为 2）为

$$U = 0.081 ℃$$

（四）配对温度传感器测量结果不确定度分析

1. 数学模型

配对温度传感器温差的误差 E

$$E = (\theta_f - \theta_r) - (\theta_{fs} - \theta_{rs})$$

式中：E——被测配对温度传感器温差的示值误差，℃；

θ_f——被测配对温度传感器的进水口温度示值，℃；

θ_r——被测配对温度传感器的回水口温度示值，℃；

θ_{fs}——准温度计高温槽温度示值，℃；

θ_{rs}——准温度计低温槽温度示值，℃。

则测量结果的标准不确定度为：

$$u = \sqrt{u_{\theta_f}^2 + u_{\theta_r}^2 + u_{\theta_{fs}}^2 + u_{\theta_{rs}}^2}$$

2. 不确定度来源分析

（1）插孔之间的温差引入的标准不确定度 u_1

恒温槽的插孔之间的温场均匀性不超过 0.01℃；检定过程中温度波动不超过 ±0.01℃/15min，即在 15min 内恒温槽的温度波动应不超过 ±0.01℃。在实际检定过程中是在极短的时间内分别读取标准温度计的示值和被检热量表的温度示值，所以说按极限值 ±0.01℃/15min 的波动度进行评定过于保守，现按指标 ±0.005℃/15min 重新分析，两个恒温槽相同，均匀分布。即

$$u_1 = \sqrt{2} \times \frac{\sqrt{0.01^2 + 0.005^2}}{\sqrt{3}} = 0.0091℃$$

（2）测量标准温度计电阻时电测设备引入的标准不确定度 u_2

在最小温差点 3℃ 和温度上限 95℃ 下分析，即进口温度为 95℃，回水温度为 92℃。

$R_{tp}25$ 标准铂电阻温度计在 95℃ 和 92℃ 的电阻值约 34.347Ω 和 34.057Ω。取示值误差的半宽，按均匀分布。

方案一：HY250 的示值误差为 ±0.004% 或 ±0.01℃

① 按测量电阻挡计算

$$u_{21} = 34.347 \times 0.004\% = 1.4m\Omega$$

$$u_{22} = 34.057 \times 0.004\% = 1.4m\Omega$$

$R_{tp}25$ 标准温度计电阻与温度关系约为 0.1Ω/℃，折合成温度值

$$u = \frac{0.0014}{0.1 \times \sqrt{3}} = 0.0081℃$$

② 按测量温度档显示

取示值误差的半宽，按均匀分布。

$$u = \frac{0.01}{\sqrt{3}} = 0.0058℃$$

方案二：Keithley 2010 的示值误差为 ±（0.0036% 读数 + 0.9mΩ）

$$u_{21} = 34.347 \times 0.0036\% + 0.9 = 2.14m\Omega$$

$$u_{22} = 34.057 \times 0.0036\% + 0.9 = 2.13m\Omega$$

$R_{tp}25$ 标准温度计电阻与温度关系约为 0.1Ω/℃，折算成温度值

$$u = \frac{0.00214}{0.1 \times \sqrt{3}} = 0.0121℃$$

此结果是按单个温度传感器的测量得出的，同一台电测设备测量电阻的差值比测量单个电阻的准确度要高，特别是在测量的电阻值较为接近时（约0.3Ω）。此时，其测量误差来源于设备的 A/D 线性度。

通常测量仪器的线性度为准确度的 1/3 ～ 1/10，HY250 的线性度为 1/4，Keithley 2010 至少为 1/5。这样，可将上面分析修改为：

HY250 电阻测量

$$u_2 = \frac{0.0014/4}{0.1 \times \sqrt{3}} = 0.0020 ℃$$

Keithley2010

$$u_2 = \frac{0.00214/5}{0.1 \times \sqrt{3}} = 0.0025 ℃$$

HY250 温度测量，因其显示分辨率不够，详见下述分析。

（3）标准铂电阻温度计的长期稳定性 u_3

使用中的标准铂电阻温度计，从 0℃ 到 160℃ 各点的稳定性要求见表 3 - 8。

在标准温度计对应工作温度范围内选取 0.014℃ 作为标准温度计的长期稳定性，均匀分布

$$u = \frac{0.014}{\sqrt{3}} = 0.0081 ℃$$

两个标准温度计情况相同

$$u_3 = \sqrt{2} \times \frac{0.014}{\sqrt{3}} = 0.0114 ℃$$

（4）转换开关引入的不确定度 u_4

转换开关的接触热电势最大不超过 0.4μV，均匀分布

$$u_4 = \frac{0.4}{\sqrt{3}} = 0.231 μV$$

根据经验数据，拆算成温度为

$$u_4 = 0.0006 ℃$$

（5）标准温度计传递引入的不确定度 u_5

标准温度计由上级校准传递的不确定度，$U = 4.5 mK$（包含因子为 2）（来自二等铂电阻温度计测量不确定度分析报告）

$$u = 0.0045/2 = 0.0022 ℃$$

两个标准温度计情况相同

$$u_5 = \sqrt{2} \times \frac{0.0045}{2 \times \sqrt{3}} = 0.0018 ℃$$

3. 标准温度计结果深度分析

上面的分析结果因两支标准铂电阻温度计长期稳定性、转换开关、标准温度计传递等引起的不确定度将导致标准装置的不确定度超出规定的 1/5 的要求。要减少这些因素引起的测量误差，必须在开始检定前进行两支标准铂电阻温度计的量值比对或核查。这对于提高配对温度传感器的配对误差的测量十分有意义。

方法是：将两支标准温度计同时放入同一恒温槽内，并在将要开展检定的温度范围内均匀选择 3 个点（如 95℃，80℃，5℃）进行比对，一般测量结果对应的温度差值在（0.003 ～ 0.007）℃ 范围内属于正常。对于标准数字温度计，其线性度也在比对中得到体现，这样可有效消除原单支使用标准温度计因

稳定性、转换开关和标准传递带来的测量误差。电阻测量取最大值，温度测量取其分辨力，按照均匀分布

电阻测量时，u_3，u_4，u_5合成为：$\dfrac{0.007}{\sqrt{3}}=0.0040℃$

温度测量时，u_2，u_3，u_4，u_5合成为：$\dfrac{0.01}{\sqrt{3}}=0.0058℃$

4. 装置测量扩展不确定度

汇总上面各不确定度分量，可归总得出装置的测量扩展不确定如下（取包含因子为2）：

未进行比对 Keithley 2010 测量电阻时

$$
\begin{aligned}
U &= 2\sqrt{u_1^2+u_2^2+u_3^2+u_4^2+u_5^2} \\
&= 2\sqrt{0.0091^2+0.0025^2+0.0114^2+0.0006^2+0.0018^2} \\
&= 0.030℃
\end{aligned}
$$

未进行比对 HY250 测量电阻时

$$U=2\sqrt{0.0091^2+0.0020^2+0.0114^2+0.0006^2+0.0018^2}=0.030℃$$

未进行比对 HY250 测量温度时

$$U=2\sqrt{0.0091^2+0.0058^2+0.0114^2+0.0006^2+0.0018^2}=0.032℃$$

由此可见，不进行标准铂电阻温度计的量值比对和核查，其结果可以满足新规程中 1/3 的要求。要满足 1/5 的要求，必须对两支标准温度计的量值进行比对和核查。比对后装置的扩展不确定度为（取包含因子为2）

电阻测量设备

$$U=2\sqrt{u_1^2+u_2^2+u_3^2+u_4^2+u_5^2}=2\sqrt{0.0091^2+0.0025^2+0.0040^2}=0.020℃$$

数字温度计

$$U=2\sqrt{u_1^2+u_2^2+u_3^2+u_4^2+u_5^2}=2\sqrt{0.0091^2+0.0058^2}=0.021℃$$

上面的结果表明，列举的设备配置刚好满足规程要求的热量表配对温度传感器温差检定的不确定度要求，但还无法满足冷量表 0.014℃ 的不确定度要求。这个指标对装置的要求是很高的，这涉及到规程或标准中装置设备配置和检定方法的变更，在此不再做进一步分析。

5. 被检表温差测量结果不确定度

（1）自热效应引入的标准不确定度 u_3

自热效应是单方向的，对于温差测量来说可以忽略。

（2）热量表温差测量重复性可从两个方面分析，若能多次对温度进行测量（通常不少于 6 次）则可通过贝赛尔公式求出其重复性作为标准不确定度。这里以热量表温度的分辨力的方法来评定，其值通常会小于重复性误差值。按检定规程要求，热量表的分辨力为 0.01℃，则

$$u_7=\frac{0.01}{\sqrt{3}}=0.006℃$$

热量表测量结果的扩展不确定度（包含因子为2）为

$$U=0.025℃$$

四、计算器标准装置

（一）装置组成

标准电阻箱 2 台

准确度等级：0.01%

流量信号发生器 1 台

七位半多用数字表 Keithley2010

测量范围：（0 ～ 10.000000）kΩ 挡

分辨力：1mΩ

准确度：±（0.005% 读数 + 0.0002% 量程）

（二）数学模型

按照 JJG 225—2001《热能表》中焓差法公式，累积热量 Q 为

$$Q = \int_0^t q_\mathrm{m} \cdot \Delta h \cdot \mathrm{d}t = \Delta m \cdot \Delta h = \Delta V \cdot \rho_\mathrm{s}(h_\mathrm{f} - h_\mathrm{r})$$

或 k 系数法公式，累积热量 Q 为

$$Q = \int_0^V k \cdot \Delta\theta \cdot \mathrm{d}V = k \cdot \Delta\theta \cdot \Delta V = k \cdot (\theta_\mathrm{f} - \theta_\mathrm{r}) \cdot \Delta V$$

式中：ΔV——模拟流量值，m^3；

　　　　ρ_s——介质的密度，$\mathrm{kg/m}^3$；

　　h_f，h_r——进水口温度与回水口温度对应的比焓值，kJ/kg；

　　　　k——热量系数，$\mathrm{kW \cdot h/(m^3 \cdot ℃)}$；

　　θ_f，θ_r——供水口温度与回水口温度，℃。

两种方法的相对标准不确定为：

焓差法

$$u_1 = \sqrt{u_{\Delta V}{}^2 + u_{\rho s}{}^2 + u_\mathrm{h}{}^2 + u_\mathrm{R}{}^2}$$

k 系数法

$$u_1 = \sqrt{u_{\Delta V}{}^2 + u_\mathrm{k}{}^2 + u_\mathrm{R}{}^2}$$

从上面公式中可以看出，使用焓差法的不确定度来源有模拟流量信号发生器、密度查表或计算、焓值查表或计算及其相关的模拟进、出水口温度的电阻箱等四个方面；而 k 系数法的不确定度来源有模拟流量信号发生器、k 系数查表或计算、模拟进、出水口温度的电阻箱等三个方面。为此，以 k 系数法评定的计算器检定装置不确定度要小于焓差法。

在本章第三节中计算器检定注意事项中表述了在进行最小温差检定时仅使用标准电阻箱模拟进水和回水口温度时其准确度无法满足要求，需要配套使用电阻测量设备对电阻箱的输出电阻进行测量，并以此作为模拟温度进行焓值、密度值或 k 系数的查表或计算。这时以电阻测量设备的不确定度代替电阻箱的标准不确定度进行计算。

（三）装置不确定度要求

按要求，标准装置的不确定度应不大于被检器具允许误差的1/5（包含因子为2），热量表按最小

温差 3K 温差，装置的扩展不确定度不得大于 0.3%。

（四）不确定度来源分析

1. 模拟流量信号引入的相对标准不确定度

模拟流量信号通常有三种形式，即：流量信号发生器、计算器自模拟信号和实流模拟。流量信号发生器输出给计算器的脉冲数通常是定量输出的，其不确定度为零；如果不是定量输出的，可通过计算器实际接收并显示的量（已转换为体积）得到。同样，计算器自模拟信号和实流模拟方式均采用计算器的显示流量值用于实际热量的计算，所以其体积的不确定度也为零。

$$u_{\Delta V} = 0.00\%$$

2. 密度、焓值及 k 系数查表或计算误差引入的相对标准不确定度

三个参数或者按 JJG 225—2001 查表得出，或者根据公式计算。根据数据分辨力，密度及比焓值按最大允许误差 ±0.05% 取值，k 系数按 ±0.1% 取值；按均匀分布

$$u_{\rho s} = \frac{0.05}{\sqrt{3}} = 0.029\%$$

焓差法时因要对比焓值进行二次查表或计算，故其影响应为 2 倍。

$$u_h = \sqrt{2} \times 0.029\% = 0.041\%$$

$$u_k = \frac{0.1}{\sqrt{3}} = 0.058\%$$

3. 电测设备引入的标准不确定度 u_R

在最小温差点 3℃，即进口温度为 53℃，回水温度为 50℃ 分析。

按 Pt1000 被测量温度传感器在 53℃ 和 50℃ 的电阻值约为 1205.52Ω 和 1193.97Ω。

（1）焓差法

焓差法是使用模拟电阻得到温度，并用于比焓值和密度的查焓值表或计算。其不确定度来源于模拟温度的不准确引起的查表或计算误差。

电测设备在 53℃ 的电阻示值误差 E_{53R} 为

$$E_{53R} = 0.005\% \times 1205.52 + 0.02 = 0.0803\Omega$$

按温度与电阻的关系（3.85Ω/℃）折算为温度的测量误差分别为

$E_{53℃} = 0.0803/3.85 = 0.02085℃$

此值在其他温度点计算结果基本相同，其偏差可以忽略不计。

查焓值表，54℃、53℃、51℃ 和 50℃ 比焓值分别为 226.57、222.39、214.03、209.85（kJ/kg），可得到查表或计算比焓值差引起的相对允许误差为

$$E_{53-50} = \sqrt{\frac{[(226.57 - 222.39) \times 0.02085]^2 + [(214.03 - 209.85) \times 0.02085]^2}{(222.39 - 209.85)^2}} = \pm 0.98\%$$

从结果来看其远远超过对装置不确定的要求，所以与温差测量相同需采用电阻测量设备的线性化指标，即 1/5 最大允许误差，则

$$E_{53-50} = \pm 0.98\% \div 5 = \pm 0.20\%$$

取示值误差的半宽，按均匀分布，则电测设备引起比焓值差查表测量的相对标准不确定度

$$u_{Rh} = \frac{0.20\%}{\sqrt{3}} = 0.113\%$$

查表焓值54℃和53℃密度值分别为986.39，986.87（kg/m³），可得到查表或计算密度值引起的相对允许误差为

$$E_{53} = \frac{(986.87 - 986.39) \times 0.02085}{986.87} = \pm 0.001\%$$

可忽略不计，电阻测量设备引入的相对测量不确定度为

$$u_R = u_{Rh} = 0.113\%$$

（2）k系数法

k系数法是使用模拟电阻得到温度用于k系数的查表或计算、得到温差用于热量的计算。其不确定度来源于模拟温度的不准确引起的k系数查表或计算误差和温差计算误差。

通过查k系数表可看出，其值随温度每度的变化为零，所以因模拟温度不准确引起的不确定也为零。

温差计算按配对温度传感器叙述方法评定，在最小温差点3℃，即进口温度为53℃，回水温度为50℃下分析。

Keithley2010的示值误差为±（0.005%读数+0.02Ω），电阻与温度按3.85Ω/℃折算

$$u_{53} = 0.005\% \times 1205.52 + 0.02 = \pm 0.0803\Omega = \pm 0.021℃$$

$$u_{50} = 0.005\% \times 1193.97 + 0.02 = \pm 0.0797\Omega = \pm 0.021℃$$

按线性度为1/5允许示值误差取值，并按均匀分布，则由电阻设备引入的温差计算测量相对不确定度为

$$u_R = \frac{\sqrt{\left(\frac{0.021}{5 \times \sqrt{3}}\right)^2 + \left(\frac{0.021}{5 \times \sqrt{3}}\right)^2}}{53 - 50} = 0.114\%$$

（五）装置的扩展不确定度

汇总上面各不确定度分量，可归总得出装置的测量扩展不确定（包含因子为2）如下：
焓差法

$$U = 2\sqrt{u_{\Delta V}^2 + u_{\rho s}^2 + u_h^2 + u_R^2}$$
$$= 2\sqrt{0 + 0.029\%^2 + 0.041\%^2 + 0.113\%^2}$$
$$= 0.25\%$$

k系数法

$$U = 2\sqrt{u_{\Delta V}^2 + u_k^2 + u_R^2}$$
$$= 2\sqrt{0 + 0.058\%^2 + 0.114\%^2}$$
$$= 0.26\%℃$$

上面的结果表明，列举的设备配置刚好满足规程要求的热量表计算器检定的不确定度要求。需说明的是，k系数法中k值的查表或计算误差是按±0.1%评定，而焓差法中比焓值的查表或计算的要求为±0.05%。

（六）被检表温差测量结果不确定度

热量表计算器测量重复性可从两个方面分析，若能多次对计算器进行测量（通常不少于 6 次）则可通过贝赛尔公式求出其重复性作为标准不确定度，这里以热量表计算器显示分辨力的方法来评定，其值通常会小于重复性误差值。分辨力引起的误差按该检定点下最大允许误差的 1/10 计，则

$$u = \frac{0.15\%}{\sqrt{3}} = 0.09\%$$

热量表测量结果的扩展不确定度（包含因子为 2）为

$$U = 0.32\%$$

第四章 热量表的型式评价

《计量法》第十三条规定："制造计量器具的企业、事业单位生产本单位未生产过的计量器具新产品，必须经省级以上人民政府计量行政部门对其样品的计量性能考核合格，方可投入生产。"这是计量器具实施型式批准的法律依据，因此型式批准是依据《计量法》实施的一项行政许可。

根据上述规定可知，型式批准实施行政许可的主体是省级以上人民政府计量行政部门，也即省质量技术监督局和国家质量监督检验检疫总局；行政相对人是具有独立法人资格的企业、事业单位；行政许可对象是计量器具新产品。

计量行政部门为保障型式批准行政许可规范实施，依据《计量法》和《行政许可法》的相关规定制定了部门规章《计量器具新产品管理办法》。现行有效的《计量器具新产品管理办法》于2005年5月16日由国家质量监督检验检疫总局局务会议审议通过，并于2005年8月1日起施行，同时发布的还有国家质检总局2005年第145号公告《中华人民共和国依法管理的计量器具目录（型式批准部分）》。

1999年，原国家质量技术监督局为加强对民生有重要影响计量器具的管理，发布了首批重点管理的计量器具目录，包括"电能表、水表、煤气表、衡器（不含杆秤）、加油机（含加油机税控装置）和出租汽车计价器"6种，2007年又发布第二批重点管理的计量器具目录，包括"热能表、粉尘测量仪、甲烷测定器（瓦斯计）"3种，其中的热能表即热量表。

2002年8月起，重点管理计量器具实施型式批准，其他计量器具仍实施样机试验。同时，原国家质量技术监督局还公布了第一批承担国家重点管理计量器具型式评价授权实验室，重点管理计量器具的型式评价由国家质量技术监督局授权的实验室进行。

我国自1986年7月《计量法》颁布实施以来，所有的计量器具都实施制造许可证制度，直到2005年第145号公告发布，2006年5月起才将制造许可范围缩小到75大类计量器具。并自2006年5月起停止了计量器具的样机试验和定型鉴定，统一实施型式评价和型式批准。热量表即为目录中第20类产品。

第一节 型式批准的申请和核准程序

一、型式批准和型式评价的性质和定义

根据JJF 1015—2002的定义，型式批准是承认计量器具的型式符合法定要求的决定。因此，型式批准的性质是计量行政部门履行的一项行政许可活动。

行政许可必须依据国家相关的法律法规进行，型式批准所依据的法律法规有《计量法》、《计量法实施细则》、《行政许可法》和《计量器具新产品管理办法》等。

型式批准的对象是计量器具新产品，其结果是拒绝或同意颁发型式批准证书。

计量器具型式是指具体的计量器具，包含了它的结构、材料、性能、参数等，型式的认定是通过对其样机以及相关的技术文件，如图纸、使用说明书、设计资料等进行的。这种型式的认定过程叫做型式评价。

因此，型式评价是型式批准的一个环节，由计量行政部门委托有关技术机构进行。

型式评价的定义是：为确定计量器具型式可否予以批准，或是否应当签发拒绝批准文件，而对计量

器具的型式进行的一种检查。

型式评价的性质是一项技术性活动，依据型式评价大纲对对计量器具实施技术性评价，主要包括法制管理要求审查和技术性能试验。型式评价的结果是出具型式评价报告。型式评价结论合格，则为计量行政部门同意型式批准提供了客观依据，而型式评价结论不合格则为计量行政部门拒绝型式批准提供了客观依据。

省级质量技术监督局在接到型式评价报告之日起 10 个工作日内，根据型式评价结果和计量法制管理的要求，对计量器具新产品的型式进行审查。经审查合格的，向申请单位颁发型式批准证书；经审查不合格的，发给不予行政许可决定书。

型式批准证书相当于计量器具新产品的出生证明，赋予计量器具新产品一个型式批准的标志和编号，见图 4-1。该标志和编号要求标注在使用说明书上，也允许标注在产品本体上。

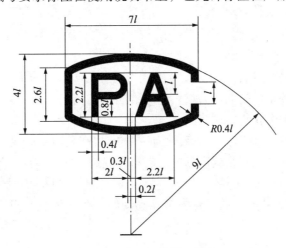

图 4-1　产品型式批准标志

该标志是字母 CPA 的图案，是由英文 China Pattern Approval 的首个字母组合而来，表示"中国型式批准"。

标志应与编号组合使用。编号由"四位年代号 + 一位类别号 + 三位顺序号 + 二位省份代号"组成。例如：2012F035-33，2012 表示 2012 年，F 表示力学类计量器具，035 表示顺序号，即 2012 年颁发的第 35 号证书，33 是浙江省的省份代号。

申请单位制造已取得型式批准的计量器具，不得擅自改变原批准的型式。对原有产品在结构、材质等方面做了重大改变导致性能、技术特征发生变更的，必须重新申请办理型式批准。申请单位所在地的质量技术监督部门负有监督检查的权力和义务。

因国家管理需要，或者随着技术的发展，原批准的计量器具已经不符合计量法制管理要求，或技术水平落后，国家质检总局可以废除原批准的型式。

此外，《制造、修理计量器具许可监督管理办法》第十五条规定："制造量程扩大或者准确度提高等超出原有许可范围的相同类型计量器具新产品，或者因有关技术标准和技术要求改变导致产品性能发生变更的计量器具的，应当另行办理制造计量器具许可。"根据此条规定，申请单位应关注国家有关技术标准、计量检定规程和型式评价大纲的变化，如果因相关的技术要求发生了变化，已取得型式批准的计量器具也必须随之发生变化时，应重新办理型式批准。

二、型式批准的申请

申请单位向所在地的省级质量技术监督局提交计量器具的型式批准申请。申请单位所在地是指申请单位具备独立法人资格的登记地或注册地。

申请单位需填写《计量器具型式批准申请书》。申请书中应按要求填写申请单位的有关信息，其中申请日期和申请编号由受理申请的技术监督部门填写。

申请单位可以按照系列产品进行申请，也可以按照单一规格进行申请。

系列热量表是指一组不同规格和（或）不同流量的热量表，其中所有热量表具有下列特征：

（1）制造商相同；

（2）接触热水部件几何相似；

（3）测量原理相同；

（4）常用流量与最小流量之比$\left(\dfrac{q_\mathrm{p}}{q_\mathrm{i}}\right)$、过载流量与常用流量之比$\left(\dfrac{q_\mathrm{s}}{q_\mathrm{p}}\right)$相同；

（5）温度和温差测量范围相同；

（6）准确度等级相同；

（7）环境类别相同；

（8）每种规格热量表电子装置相同；

（9）设计和部件组装标准相似；

（10）对热量表性能至关重要的部件的材料相同；

（11）与热量表规格有关的安装要求相同。

按照系列产品进行申请的，原则上一个系列为一个申请序号，系列产品的计量器具名称应相同，在"型号、规格、准确度"栏目中填写系列产品的所有型号规格，并且系列产品的准确度应相同。

按照单一规格进行申请的，原则上一个规格为一个申请序号，每一序号均应填写计量器具名称和相应的型号、规格、准确度。如果每一规格有多个准确度的，在"型号、规格、准确度"栏目中也可以详细列出不同的准确度。

与申请书一并提交的资料还有：

（1）申请单位合法经营的证明文件（复印件）；

（2）样机照片；

（3）使用说明书；

（4）总装图、电路图和主要零部件图；

（5）产品标准（含检验方法）；

（6）制造单位或技术机构所做的试验报告。

申请单位应确保所提交的资料真实、完整、正确，并采用法定计量单位。

（7）其他需要提供的技术资料。

受理申请的行政部门对申请资料进行初审，主要审查申请单位的合法身份和资格，法定计量单位和资料的齐全性。如果申请单位不具备申请资格，则不予以受理；如果计量器具未采用法定计量单位，或提交的资料不齐全，须由申请单位改正后才予以受理。

初审通过后，行政部门会指定有资质的技术机构进行型式评价。

需要说明的是，行政部门的初审是一种型式审查，很少涉及具体技术内容，审查通过的申请资料并不意味着没有错误，因此，承担型式评价的技术机构会对申请资料进行更详细的审查。

三、型式评价的程序

承担型式评价的技术机构接受型式评价委托后，在审查申请资料的基础上可以进一步要求申请单位提交更为详细和完整的技术资料以及样机。审查确认满足型式评价条件的，与行政部门共同确定申请单位需提供的试验样机规格。

申请单位应按照以下原则提供样机：按单一产品提出申请的，一般情况下应提供 3 台样机，公称直径 DN50 及 DN50 以上的热量表可提供 2 台样机。按系列产品申请的，每个系列产品抽取 1/3 有代表性的规格产品，一般应包含申请系列的上、下限产品规格；每种规格提供试验样机的数量，按申请单一产品的原则执行。具有代表性的规格，由承担试验的技术机构根据申请单位提供的技术资料确定。一般情况下，样机由申请单位自行送样。

技术机构结合试验样机对申请单位提供的技术资料进行全面审查，该过程应与法制管理要求审查相结合。

法制管理要求审查还应结合型式评价大纲和计量检定规程进行。

审查的重点有以下几个方面：

（1）是否采用了法定计量单位；

（2）准确度等级（或最大允许误差）是否符合国家计量检定系统表和国家计量检定规程；

（3）产品主要性能相关的结构和电子电气线路是否与技术图纸相一致；

（4）产品的执行标准是否有效；

（5）使用说明书是否描述准确，技术指标是否符合计量检定规程和产品标准的规定，是否能指导安装和使用；

（6）计量器具的铭牌和标识是否符合计量检定规程和产品标准的要求，是否预留了计量法制标志；

（7）计量器具外部结构设计是否考虑了对不允许使用者自行调整的应采用封闭式结构设计或者留有加盖封印的位置，凡能影响测量准确度的任何人为机械干扰，是否有检定保护标记或防护标记上产生永久性的有形损坏痕迹；

（8）壳体上是否有安装说明标识，并在技术图纸上予以标注。

技术资料审查后，应在型式评价报告中给出以下结论：

（1）技术资料是否齐全、科学、合理；

（2）是否采用了法定计量单位；

（3）说明适用的计量检定规程，准确度等级是否符合国家计量检定系统表和检定规程的规定；

（4）是否标识或预留计量法制标志和计量器具标识；

（5）外部结构设计是否考虑了有效的封印或是否采用封闭式结构设计；

（6）是否有安装说明的标志；

（7）计量技术指标是否合理实用。

申请单位应对审查中发现的问题进行改正。技术资料和法制管理要求审查的结果将被载入型式评价报告。如果存在不符合法制管理要求的情形，而申请单位又未能在规定期限内完成改正的，则型式评价结论为不合格。

审查通过后，技术机构将按型式评价大纲的要求进一步进行技术性能试验。

有些产品是在原有产品基础上进行了部分改进，如果改进部分与原产品在结构上有一定的独立性时，可以只做改进部分的试验。申请单位应在提交申请时予以声明，并提供必要的设计资料和说明，包括必要的试验数据和原产品的型式评价报告。技术机构应进行核实和确认，确认结果认为改进部分与原产品在结构上有一定的独立性时，可以只做改进部分的试验，其余项目的结论可以引用原产品的型式评价报告。

第二节　型式评价的项目

现行的国家计量检定规程 JJG 225—2001《热能表》附录 A 规定了热量表的型式评价试验。由于热量表的检定规程进行了修订，同时将型式评价大纲从原规程中独立出来，其内容有所更改。新制定的型式评价方法等效采用欧洲标准 EN 1434.4—2007《型式试验 热量表》和国际建议 OIML R75.1—2002《通用要求 热量表》。新大纲适用于以水为介质的口径不大于 200mm 的热量表的型式评价。

一、型式评价项目

热量表全部试验项目见表4-1。

表 4-1　热量表及其组件的试验项目

评 价 项 目	配对温度传感器	流量传感器	计算器	整体表
观察项目				
计量单位	X	X	X	X
标志和标识	X	X	X	X
封印	X	X	X	X
显示内容			X	X
热量显示			X	X
显示分辨力			X	X
数据存储			X	X
材料和结构	X	X	X	X
安装条件	X	X	X	X
试验项目				
准确度	X	X	X	X
耐久性试验	X	X		X
最大压力损失		X		X
干热		X(a)	X	X
低温		X(a)	X	X
湿热循环		X(a)	X	X
断电保护			X	X
静磁场影响		X	X	X
电气安全性能		X	X	X
电压暂降、短时中断及电压变化抗扰度		X(a)	X	X
电快速瞬变脉冲群抗扰度		X(a)	X(b)	X
浪涌抗扰度		X(a)(b)	X(b)	X
静电放电抗扰度		X(a)(b)	X(b)	X
射频电磁场辐射抗扰度		X(a)(b)	X(b)	X
通讯接口要求			X	X
耐压强度		X		X
电源24h 中断			X	X

X—须进行的试验；a—只对带电子设备的流量传感器；b—须连接电缆测试

二、参考条件

参考条件，又称参比条件，是为了测试热量表的性能或对多次测量结果进行相互比较而规定的一组影响量的参考值或参考范围。

工作温度：$\theta_{min} \sim (\theta_{min} + 5℃)$（但不小于10℃）、$(50 \pm 5)℃$、$(85 \pm 5)℃$；

环境温度：$(15 \sim 35)℃$；

环境相对湿度：$15\% \sim 85\%$；

大气压力：$(86 \sim 106)kPa$；

工作电源：外部供电的，交流电或外部直流电的工作电压变化范围应为标称电压的 $-15\% \sim +10\%$，交流电频率变化范围应为标称频率的 $\pm 2\%$；电池供电的，工作电压范围为制造商说明的最低电压 $U_{bmin} \sim$ 全新电池的电压 U_{bmax}。

一次测量过程中，实际的温度和相对湿度应在指定的范围内，变化应分别不超过 $\pm 2.5℃$ 和 $\pm 5\% RH$。试验场所应排除其他外界干扰影响（如振动、外磁场等）。

冷量表试验时的参比水温为 $(15 \pm 5)℃$、$(5 \pm 1)℃$。

第三节　型式评价的项目要求和试验方法

本节内容适用于热量表型式评价的全部试验项目。

一、显示要求

显示要求包括显示内容和热量显示值。用目测法和常规检具对热量表样机进行显示要求检查，检查内容包括热量表显示内容、单位、热量显示值、分辨力、外观等。所有热量表的外观检查应符合规范的要求。具体要求如下：

1. 热量表显示要求

热量表应至少能显示热量、累积流量、载热液体入口温度和出口温度、温差。热量的显示单位用 J 或 W·h 或其十进制倍数；累积流量的显示单位用 m^3，温度和温差的显示单位用 ℃。显示单位应标在不宜混淆的地方。显示数字的可见高度不应小于4mm。

2. 热量显示

计算热量表在最大计量热功率下运行3000h，热量表热量显示值不应超过最大值。

模拟热量表在最大计量热功率下运行1h，最小显示位数的步进应至少一位。

3. 显示分辨力

（1）使用模式时显示分辨力

见表4-2。

表4-2　热量表使用时显示分辨力要求

标称口径 DN /mm	热量	累积流量	温度	温差
15≤DN≤40	1kW·h 或 1MJ 或 1GJ	0.01m³	0.1℃	0.1℃
50≤DN≤200	1kW·h 或 1MJ 或 1GJ	0.1m³	0.1℃	0.1℃

（2）检定模式时显示分辨力

见表4-3。

表 4 - 3　热量表检定时显示分辨力要求

标称口径 DN /mm	热量	累积流量	温度	温差
15 ≤ DN ≤ 25	0.001kW·h 或 0.001MJ	0.00001m³	0.01℃	0.01℃
32 ≤ DN ≤ 100	0.001kW·h 或 0.001MJ	0.0001m³	0.01℃	0.01℃
125 ≤ DN ≤ 200	0.001kW·h 或 0.001MJ	0.001m³	0.01℃	0.01℃

注：热量表正常显示达不到上述要求时，可采用其他能满足上述显示要求的方法。

二、数据存储

热量表应按月储存热量、累积流量和相对应的时间；热量表应按月储存最近 18 个月的数据。

三、示值误差

1. 试验目的

检验热量表的等级和各分量准确度是否符合技术要求。

2. 技术要求

热量表的准确度等级及最大允许误差应符合表 3 - 1 的规定，流量传感器最大允许误差、配对温度传感器最大允许误差和单支温度传感器温度的最大允许误差、计算器热量的最大允许误差应符合表 3 - 1 的规定。

3. 试验设备

（1）方法

1）流量传感器的试验方法

热量表的流量传感器示值误差试验主要采用静态质量法，即流经热量表的水都收集在容器内，并采用静态质量法确定水的质量。

2）温度传感器的试验方法

① 温度传感器的误差试验

温度传感器的误差试验须选择 3 个温度点，试验温度点应在热量表标识的温度范围内均匀分布，须包含上、下限温度，实验温度偏差不超过 ±5℃。

固定安装在热量表流量计表体内的温度传感器应取出试验，引出线长度不小于 1.5m。如果温度传感器对和计算器不可拆分，或整体表的试验，须使用分量组合或整体表的试验条件。

a）设定恒温槽温度为试验点温度，恒温槽温度稳定后将热量表配对温度传感器放入恒温槽，进行温度试验。

b）以同样方法进行其他温度试验点的试验。

② 配对温度传感器的温差误差试验

配对温度传感器的误差试验须选择 3 个温差点，试验点应在热量表标识的温差范围内均匀分布，须包含上、下限温差，温差试验中，热量应用低温端温度为（50 ± 5）℃，冷量应用中高温端温度为（15 ± 5）℃。

a）分别设定恒温槽温度为试验点温度，两个恒温槽得到试验温差，稳定后将热量表配对温度传感器分别放入相应的恒温槽中，进行温差试验。

b）以同样方法进行其他温差试验点的试验。

③ 热响应时间 $\tau_{0.5}$ 试验

a）升高恒温槽至热量表配对温度传感器的上限温度。

b）将被试温度传感器放入恒温槽中，达到热平衡后开始热响应时间试验。温度传感器须连接显示设备，并能通过软件记录温度和时间。

c）将温度传感器从恒温槽中取出。

d）温度传感器的温度阶跃至上限与下限温度范围的 50% 的时候，此段时间为热响应时间 $\tau_{0.5}$。

④ 套管影响试验

a）供应商应提供如下设备：

根据规格说明书，选择套管和传感器之间间隙为规定最小值的带套管的传感器；

根据规格说明书，选择套管和传感器之间间隙为规定最大值的带套管的传感器。

b）所有套管中，只要形状、材料等与其他套管相同，则仅需试验其中最短的。

c）热量表两个配对温度传感器进行无套管试验，试验点与温度误差试验相同。

d）热量表两个配对温度传感器安装套管后再进行试验。

e）试验（包括安装套管的）重复一次。

（2）设备

热量表型式评价试验所用设备一般包括：热水流量标准装置、配对温度传感器试验装置、计算器试验装置、耐压试验台等。

用于热量表误差测量或计量性能试验的装置称为热水流量标准装置，又称热量表检定装置或校验装置。热量表试验装置属液体流量标准装置的一种，是专为热量表检定试验而设计的专用装置。标准器可以选择电子秤或标准表，分别为静态质量法和标准表法热水流量标准装置。静态质量法在国内使用较为普遍，静态质量法装置的不确定度较小。图 4 - 2 为集合有静态质量法和标准表的热水流量标准装置。

热量表可多台串联。试验时，各热量表间应无明显相互影响。

恒温槽用于提供满足要求的温场，用二等标准铂电阻和数字多用表等获得标准温度和温差。

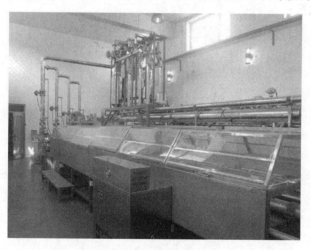

图 4 - 2　热水流量标准装置

（3）装置不确定度

热量表试验装置的扩展不确定度（包含因子为 2）应不大于热量表最大允许误差的 1/5，见表 4 - 4。

表 4 - 4　热量表型式试验装置的不确定度要求（包含因子为 2）

项 目 内 容	1 级热量表	2 级热量表	3 级热量表
热量测量的扩展不确定度	≤0.7%	≤1.0%	≤1.4%
流量测量的扩展不确定度	≤0.3%	≤0.6%	≤1.0%

续表

项 目 内 容	1 级热量表	2 级热量表	3 级热量表
温度测量的扩展不确定度（热量应用）	≤0.016℃	≤0.021℃	≤0.021℃
温度测量的扩展不确定度（冷量应用）	≤0.011℃	≤0.014℃	≤0.014℃
热量计算的扩展不确定度	≤0.3%	≤0.3%	≤0.3%

（4）试验装置组成

热水流量标准装置一般包括：

① 供水系统（不加压容器、加压容器、泵等）；

② 管道系统；

③ 经校准过的标准器（电子秤、标准表等）；

④ 计时设备；

⑤ 自动试验设备（如有要求）；

⑥ 水温测量设备；

⑦ 水压测量设备；

⑧ 加热系统；

⑨ 恒温槽；

⑩ 铂电阻及数字多用表；

⑪ 控制系统（包含标准流量和热量的软件计算部分）。

管道系统应包括：

① 安装热量表的试验段；

② 设定所需流量的装置；

③ 一个或两个隔离装置；

④ 测定流量的设备。

试验期间，无论是热量表与标准器之间还是标准器本身都不应发生水流泄露、输入和排放。

供水系统的水源温度应能得到调节和控制，使其试验时符合参比条件的要求。

试验用水的电导率可能会影响采用电磁感应原理的热量表。对电磁热量表，试验用水的电导率应在制造商规定的数值范围内。

试验段除热量表外，还包括：

① 一个或多个测量压力的取压口，可以测量热量表上游的压力；

② 测量热量表压力损失的取压口。

4. 准备措施

（1）安装

热量表应有安装说明的标志（该标志也可在使用说明书中明示）、仪表安装位置说明（管道入口或出口）、水平安装或垂直安装（如有必要）说明。两支配对温度传感器应有安装区分标志。

如果热量表的准确度可能受到水中存在固体颗粒的影响，应配备过滤器，安装在其进口或在上游管线。如果热量表的准确度容易受到上游或下游管段漩涡的影响（如由弯头、阀门或泵引起的），应按制造商的规定安装足够长的直管段，以满足热量表的最大允许误差要求。

（2）试验注意事项

① 检查试验装置的运行，排除互接管道系统和热量表内的空气，观察视窗应无气泡。

② 在试验水温下通水以排除热量表和管道中的空气，同时使热量表平稳运转一段时间，试验管路应无渗漏。

③ 试验中应避免振动和冲击影响。

④ 如果被试热量表有一种以上安装方向的，试验应在预期有较大影响的方向进行。

5. 影响示值误差测量的主要因素

试验装置的压力、流量和温度变化以及这些物理量的测量不确定度是影响热量表示值误差测量的主要因素。

（1）压力

对选定的流量进行试验时，压力应保持恒定。热量表入口处的压力应不超过热量表的最大允许压力。应避免管路分支连接而引起的流动扰动。

（2）流量

试验期间流量应保持稳定。

（3）温度

管道应做保温处理，试验期间水温变化影响应满足装置不确定度要求。

6. 试验点与次数

（1）流量传感器

流量传感器在表 4-5 给出的水温条件下分别进行试验。

表 4-5　试验的水温条件

项　目	应　用		
流量传感器类型	热　量	冷　量	
—	全部	机械式：$\frac{q_p}{q_i} \leqslant 10$ 非机械式：$\frac{q_p}{q_i} \leqslant 25$	机械式：$\frac{q_p}{q_i} > 10$ 非机械式：$\frac{q_p}{q_i} > 25$
a)	$\theta_{\min} \sim (\theta_{\min} + 5℃)$ （但不小于 10℃）	$(15 \pm 5)℃$	$(15 \pm 5)℃$
b)	$(50 \pm 5)℃$	—	$(5 \pm 1)℃$
c)	$(85 \pm 5)℃$	—	—

试验过程中，流经热量表的水温波动在 2℃ 之内。

① 流量传感器试验点的确定

a) $0.9q_1 \sim q_1$；

b) $0.95q_2 \sim 1.05q_2$；

c) $0.95q_3 \sim 1.05q_3$；

d) $0.95q_4 \sim 1.05q_4$；

e) $q_5 \sim 1.1q_5$

其中

$$q_1 = q_s \text{并且} q_5 = q_i, \quad \frac{q_1}{q_2} = \frac{q_2}{q_3} = \frac{q_3}{q_4} = \frac{q_4}{q_5} = K$$

其中

$$K = \sqrt[4]{\frac{q_s}{q_i}}$$

② 每个流量点进行 3 次重复试验。

（2）温度传感器

温度传感器的误差试验须选择 3 个温度点。

配对温度传感器的误差试验须选择 3 个温差点。

（3）计算器

使用表 4 - 6 和表 4 - 7 中的模拟温度进行计算器试验。

表 4 - 6 热量应用的温度试验条件

温度/℃	温差/℃
a) $\theta_r = \theta_{min}{}^{+5}_{\ 0}$	$\Delta\theta_{min}$，5，20
b) $\theta_r = 50 \pm 5$	$\Delta\theta_{min}$，5，20，$\Delta\theta_{max}{}^{a}$
c) $\theta_f = \theta_{max}{}^{\ 0}_{-5}$	20，$\Delta\theta_{max}$

a 如果需要在 θ_{max} 内，可相应降低 $\Delta\theta_{max}$

表 4 - 7 冷量应用的温度试验条件

温度/℃	温差/℃
a) $\theta_f = \theta_{min}{}^{+5}_{\ 0}$	$\Delta\theta_{min}$，5，$\Delta\theta_{max}$
b) $\theta_f = 15 \pm 5$	$\Delta\theta_{min}$
c) $\theta_r = \theta_{max}{}^{\ 0}_{-5}$	$\Delta\theta_{max}$

7. 合格标准

（1）每个流量点、温度点、配对温差点均不超过最大允许误差。

（2）对于流量传感器，如果每个流量试验点 3 次试验中有 1 次试验的误差值超过最大允许误差，以 3 次误差的平均值作为该流量点下的示值误差；有 2 次试验的误差值在最大允许误差内、且 3 次误差值的平均值也不超过最大允许误差时，该流量试验点试验结果合格。

每台样机每个流量点的示值误差均不超过最大允许误差，试验合格。如果样机中有 1 台或 1 台以上的热量表仅在 1 个流量点下超过最大允许误差，应对超差的热量表在该流量点下再重复 1 次试验。如果 4 次试验中有 3 次的结果及 4 次试验的算术平均值都处于最大允许误差范围内，则试验结果合格。

（3）热响应时间 $\tau_{0.5}$ 不超过制造商声明的范围。

（4）带套管和不带套管试验结果的差值不超过 1/3 的最大允许误差。

四、耐久性试验

1. 试验目的

为了确定热量表的耐久性，热量表及其组件需进行加速磨损试验。同一系列热量表可选择其中一种尺寸规格进行试验。

2. 试验设备

热量表流量传感器的耐久性试验应在耐久试验装置上进行，见图 4 - 3。热量表配对温度传感器的耐久性试验应在符合试验要求的相应装置上进行。

3. 试验方法

（1）流量传感器耐久性试验方法

流量传感器的耐久性试验应在耐久性试验装置上进行。对于有多于一种安装方向的热量表，所有试验均在受影响最大的安装方向上进行。

公称直径小于或等于 50mm 并作为户用安装的热量表，耐久性试验时间为 2400h；公称直径大于 50mm 或楼栋安装的热量表，耐久性试验时间为 960h。耐久性试验温度条件为：$(\theta_{max} - 5℃) \sim \theta_{max}$。试

图4-3　耐久性试验装置

验过程基于3种不同流量下连续的循环试验，每个循环周期持续24h。

每个试验循环过程中，高负荷阶段持续18h，其中，流量为q_p持续16h，流量为q_s持续1h。$1.5q_i$持续为6h。不同负荷之间的4个瞬态间隔每个约为1/4h。图4-4所示为流量随时间变化调节曲线。

试验中流量的偏差要求：

$$1.5q_i \pm 5\% , \quad q_p \pm 5\% , \quad q_{s-5\%}^{0}$$

试验期间至少每天记录一次在常用流量条件的下列参数：

① 热量表热量读数；

② 流过热量表的流量；

③ 热量表上游水温。

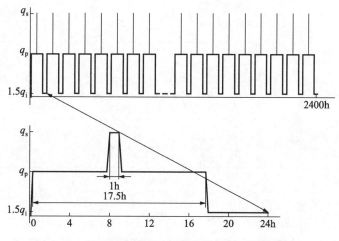

图4-4　基本耐久性试验周期和第一循环周期的放大

（2）配对温度传感器耐久性试验方法

配对温度传感器在使用温度范围内，均匀选择3个温度点进行误差试验，须包含温度范围上、下限温度点。

将温度传感器缓慢放入已达上限温度的恒温槽中，在该温度保持足够时间达到热平衡，随后从上限温度的恒温槽中取出置于室温空气中，然后缓慢放入已达下限温度的恒温槽中，并在该温度下保持一段时间并达到热平衡，最后从下限温度的恒温槽中取出。此过程重复10次。

耐久性试验后，在上述3个温度点再进行误差试验，配对温度传感器温度值的变化值须小于 0.1℃。

温度循环试验后，作为组件的温度传感器需在以下条件进行绝缘电阻试验：

传感器的金属外壳和连接到传感器的每个导体间的绝缘电阻在（50±5）℃（热量应用）或（15±5）℃（冷量应用）条件下进行试验，使用 100V 直流电进行测试。电压极性应颠倒过来，被测电阻不小于 100MΩ。

传感器的金属外壳和连接到传感器的每个导体之间的绝缘电阻在传感器处于最高温度时进行试验，测试直流电压不超过 10V。电压两极翻转，被测电阻不小于 10MΩ。

（3）组合表或整体表耐久性试验

对于组合式热量表或整体式热量表应分别进行流量传感器的耐久性试验和温度传感器的耐久性试验。试验要求、试验内容、试验方法等按照本节要求进行相关试验。

注：在规程没有更新并颁布实施前，应注意参照现行有效的计量检定规程和有关标准的要求进行试验。

4. 合格标准

热量表进行耐久性试验后，将有关试验结果填写在耐久性试验表格中，表格形式可参照表 4-8。需进行的全部试验合格，判定热量表耐久性试验合格。

表 4-8 可根据实际试验进行适当调整，但应包含热量表的基本信息和试验要求的全部试验结果。

表 4-8　热量表耐久性试验报告格式

制造单位名称		器具名称		试验日期	
制造单位地址		公称口径		环境温度	
试验单位名称		器具型号		环境湿度	
试验单位地址		器具编号		大气压力	
序号	试验项目内容				

流量传感器（或整体表）
试验水温：

	试验初始			试验结束			持续时间	示值误差	结论
	日期	热量	累计流量	日期	热量	累计流量			
1									
2	配对温度传感器								

续表

2.1	配对温度传感器误差试验								
	试验初始			试验结束			试验前后误差		结论
	标准温度	配对温度传感器		标准温度	配对温度传感器		高温端	高温端	
		高温端温度	低温端温度		高温端温度	低温端温度			

2.2	绝缘电阻试验			
	试验温度条件	试验内容	试验结果	结论

五、储存运输要求

储存运输要求包括干热试验、低温试验和湿热循环。

1. 试验目的

检验受试验设备在施加规定的环境高温、低温、交变湿热条件下，是否损坏或出现明显变化。

2. 试验设备

环境试验箱，测量范围：

干热试验：试验温度：(55 ± 2)℃；

低温试验：A 级环境，温度：(5 ± 3)℃，B 级环境，温度：(-25 ± 3)℃，C 级环境，温度：(5 ± 3)℃；

湿热循环：试验温度、湿度见表 4－9。

表 4－9　湿热循环条件

环境等级	A 级	B 级	C 级
温度下限/℃	25 ± 2	25 ± 2	25 ± 2
温度上限/℃	40 ± 2	55 ± 2	55 ± 2
相对湿度	≥93%	≥93%	≥93%

技术指标要求：温度波动度 ±2.0℃，温度均匀度 2.0℃；

　　　　　　　　湿度波动度 ±3.0% RH，湿度均匀度 5.0% RH。

3. 试验方法

① 干热。热量表通电状态下，将热量表置于试验箱中，以不大于1℃/min的速率将试验箱温度升至55℃，稳定后保持2h，然后将试验箱温度以不大于1℃/min的速率降至环境温度，稳定后将热量表取出。

② 低温。热量表通电状态下，将热量表置于试验箱中，根据热量表的不同使用环境等级降低试验箱温度，达到稳定后保持2h，然后将试验箱温度升至环境温度。冷却和加热过程中，试验箱温度变化速率不应超过1℃/min。

③ 湿热循环。中断热量表的电源，中断时间大于1min，连续2次中断间隔时间大于1min，重复5次后恢复对热量表正常供电。

4. 合格判据

试验后，热量表或其组件的外观应无明显变化，并能正常工作。

六、安全要求

安全要求包括断电保护、抗磁干扰、外壳防护等级和封印。

1. 断电保护

（1）试验目的

检验热量表电源中断及恢复供电后，热量表数据储存是否丢失。

（2）试验方法

中断热量表的电源，中断时间大于1min，连续2次中断间隔时间大于1min，重复5次后恢复对热量表正常供电。

（3）合格标准

当电源停止供电时，热量表必须能保存断电前记录的热量、累积流量和相对应的时间数据及最近18个月的历史数据，恢复供电后应能自动恢复正常计量功能。

2. 抗磁干扰

（1）试验目的

检验受试设备在100kA/m磁场强度影响下功能是否正常。

图 4 - 5　磁铁

（2）试验设备

试验时的静磁场由环形磁铁产生，见图4-5。环形磁铁外径70mm±2mm、内径32mm±2mm、厚度15mm，距表面1mm以内的磁场强度90kA/m～100kA/m，距表面20mm处的磁场强度20kA/m。

（3）试验方法

用一块永磁铁接触确定热量表易受静磁场影响、可能导致示值误差超过最大允许误差的部位。该部位的位置通过反复试验，根据误差以及对热量表类型和结构的了解和（或）以往的经验加以确定。试验部位确定后，将磁铁固定在该部位，然后在常用流量测量被试热量表示值误差。

（4）合格标准

热量表应能正常工作，数据不发生冲突，试验前后数据应一致。

3. 外壳防护等级

（1）试验目的

检查外壳防护等级标志是否符合相关规定。

（2）试验方法

按照 GB 4208—2008《外壳防护等级（IP 代码）》中规定的方法，IP 代码的组成和含义见表 4 – 10。

表 4 – 10 IP 代码的组成和含义

		对设备防护的含义	对人员防护的含义	简要说明
第一位特征数字		防止固体异物进入	防止接近危险部件	
	0	无防护	无防护	
	1	防止≥φ50mm 进入	防止手背接近	
	2	防止≥φ12.5mm 进入	防止手指接近	
	3	防止≥φ2.5mm 进入	防止工具接近	
	4	防止≥φ1.0mm 进入	防止金属线接近	
	5	防尘	防止金属线接近	不能完全防止尘埃进入，但进入的灰尘不得影响设备的正常运行，不得影响安全
	6	尘密	防止金属线接近	无灰尘进入
		对设备防护的含义	对人员防护的含义	简要说明
第一位特征数字		防止浸水造成有害影响		
	0	无防护		
	1	防垂直滴水		垂直方向滴水应无有害影响
	2	防止 15°滴水		防止外壳在 15°范围内倾斜时垂直方向滴水，应无有害影响
	3	防淋水		各垂直面在 60°范围内淋水，应无有害影响
	4	防溅水		向外壳各方向溅水应无有害影响
	5	防喷水		向外壳各方向喷水应无有害影响
	6	防强烈喷水		向外壳各方向强烈喷水应无有害影响
	7	防短时间浸水		浸入水面 1m 的水中经 30min 后，外壳进水量不致达有害程度
	8	防连续浸水		按生产厂和用户双方同意的条件（应比数字 7 严酷），持续浸水后，外壳进水量不致达有害程度

（3）合格标准

满足 GB 4208—2008 要求。

4. 封印

（1）试验目的

检查所有影响计量的可拆卸部件封印是否符合相关规定。

（2）合格标准

热量表应有可靠封印，在不破坏封印的情况下，不能拆卸热量表及相关部件。

七、电气要求

包括电源试验、静电放电、电磁场辐射、电快速瞬变、浪涌（冲击）、工频磁场、电源电压变化、电源短时中断、静态磁场。

1. 电源试验

（1）试验目的

检查电池是否满足使用寿命规定，电压欠压时能否显示欠压信息。电池的电压降到设置的欠压值时，热量表能否显示欠压信息。

（2）试验要求

将热量表安装在试验台上，流量为常用流量，水温为室温运行。

（3）试验方法

① 电池使用寿命

用示波器测量热量表的电源电流工作曲线，时间不少于 10 个完整的工作周期，以电池额定容量值的 80% 作为参考数据，计算热量表电源电流有效值及相应的电池使用时间。

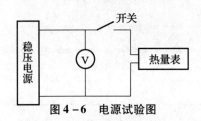

图 4-6　电源试验图

② 电压欠压提示

电源试验图如图 4-6 所示。

实验仪器包括：

稳压电源：电压（0~6）V 连续可调，输出电流 500mA；

电压表：量程与被测热量表使用电压相适应，准确度为 1 级。

连接热量表，将直流稳压电源调整至热量表正常的工作电压，闭合开关，使热量表正常工作，然后缓慢下调直流稳压电源的电压至热量表的设计欠压值，此时热量表的电池欠压提示应符合电压欠压提示的要求。

（4）合格标准

符合电池使用寿命的规定，符合电压欠压提示的要求。

2. 静电放电

（1）试验目的

检验受试设备在施加直接和间接静电放电时，有无损坏，有无异常状况出现。

（2）试验要求

按表 4-11 规定的参数施加扰动。

表 4-11　静电放电参数

环境等级	A，B，C
试验电压（接触方式）	4kV
试验电压（空气方式）	8kV
试验周期数	在同一次测量或模拟测量期间，每一试验点至少施加 10 次直接放电，放电间隔时间至少为 1s。 　对于间接放电，在水平耦合平面上总计应施加 10 次放电；在垂直耦合平面上，每一位置总计施加 10 次放电

静电放电试验台见图 4-7。

（3）试验方法

每一次接触放电，施加 4kV 电压；每一次空气放电，施加 8kV 电压。对接触放电，当制造商声明有绝缘外层时应用空气放电方法，在每个试验点至少施加 10 次直接放电，放电间隔至少 10s；对间接放电，在水平相对平面中施加放电总次数 10 次，对垂直相对平面的各种位置施加放电总次数 10 次。

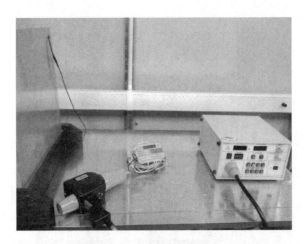

图 4-7 静电放电试验台

（4）合格标准

施加扰动后，受试设备所有功能应符合设计要求，设备无损坏，无异常状况出现。

3. 电磁场辐射

（1）试验目的

检验受试设备在施加辐射电磁场时有无损坏，有无异常状况出现。

（2）试验要求

按表 4-12 规定的参数施加扰动。

表 4-12 电磁辐射参数

环境等级	A, B	C
频率范围	26MHz ~ 1000MHz	
场强	3V/m	10V/m
调制	80% AM, 1kHz, 正弦波	

图 4-8 为电波暗室；图 4-9 为射频磁场电磁场抗扰度试验。

图 4-8 电波暗室

（3）试验方法

将受试设备及其至少 1.2m 长的外接电缆置于辐射射频场下。26MHz ~ 200MHz 频率范围的首选发

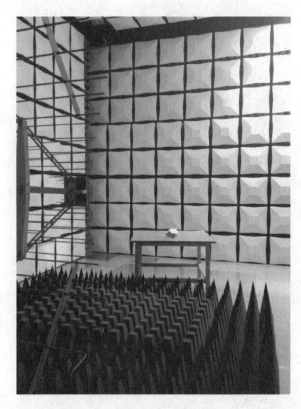

图 4 - 9　射频磁场电磁场抗扰度试验

射天线是双锥形天线，200MHz ~ 1000MHz 频率范围的首选发射天线是对数周期形天线。试验用垂直天线和水平天线分别进行 20 次局部扫描。每次扫描的起始频率和终止频率见表 4 - 13。

在频率开始和到达表 4 - 13 中下一个最高频率时终止。每次扫描时，频率应以实际频率 1% 的增幅逐步增加，直至达到表中列出的下一频率。每个 1% 增幅的驻留时间必须相同。

表 4 - 13　起始和终止载波频率

频率/MHz	频率/MHz	频率/MHz
26	150	435
40	160	500
60	180	600
80	200	700
100	250	800
120	350	934
144	400	1000

（4）合格标准

施加扰动后，受试设备的所有功能应符合设计要求，设备无损坏，无异常状况出现。

4. 电快速瞬变

（1）试验目的

检查受试设备（包括其外部电缆）在主电源电压上叠加电脉冲群的条件下，能否正常工作、有无损坏及异常状况出现。

（2）试验要求

按表4-14规定的参数施加扰动。

表4-14　脉冲群参数

环　境　等　级	A，B	C
不参与过程控制的信号线和数据总线的端口	±500V[a]	±1000V
直接参与过程和过程测量、信号传输和控制的端口	±500V[a]	±2000V
I/O DC 电源端口	±500V[b]	±2000V
I/O AC 电源端口	±1000V	±2000V
功能接地端口	±500V[a]	±1000V

[a] 仅适用于连接根据制造商的功能规范总长度超过10m的电缆的端口。

[b] 不适用于连接电池或再充电时必须从装置上拆下的可充电电池的输入端口。

具有直流电源输入端口与AC-DC电源转换器配合使用的装置应按制造商的规定对AC-DC电源转换器的交流电源输入进行试验，若制造商未作规定，应使用一个典型AC-DC电源转换器进行试验。此试验适用于准备永久连接长度超过10m的电缆的直流电源输入端口。

图4-10为电快速瞬变（脉冲群）抗扰度试验。

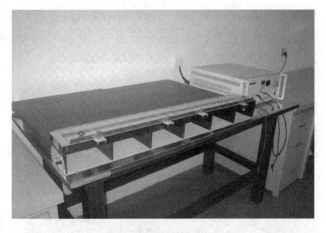

图4-10　电快速瞬变（脉冲群）抗扰度试验

（3）试验方法

每一尖峰的（正或负）幅值应为1000V，随机相位，上升时间为5ns，二分之一幅值持续时间50ns。脉冲群长度应为15ms，脉冲群周期（重复时间间隔）应为300ms。所有脉冲群不应以不同步模式（非对称电压）施加。

（4）合格标准

施加干扰后，受试设备的所有功能应按设计正常运行，无损坏，无异常状况出现。

5. 浪涌（冲击）

（1）试验目的

检验在热量表连接的若干条长度超过10m的线路上叠加浪涌瞬变时，能否正常工作、有无损坏及异常状况出现。

（2）试验要求

按表4-15规定的参数施加扰动。

表 4 – 15　浪涌瞬变参数

环 境 等 级	A，B	C
不参与过程控制的信号线和数据总线的端口		$1.2T_r/50T_h\mu s^a$ 线对地 ±2kV 线对线 ±1kV
直接参与过程和过程测量、信号传输和控制的端口		$1.2T_r/50T_h\mu s$ 线对地 ±2kV 线对线 ±1kV
直流输入端口	$1.2T_r/50T_h\mu s^b$ 线对地 ±0.5kV 线对线 ±0.5kV	$1.2T_r/50T_h\mu s^b$ 线对地 ±0.5kV 线对线 ±0.5kV
交流输入端口	$1.2T_r/50T_h\mu s$ 线对地 ±2kV 线对线 ±1kV	$1.2T_r/50T_h\mu s$ 线对地 ±4kV 线对线 ±2kV

注：T_r 为波前时间，T_h 为半峰值时间。

[a] 仅适用于根据制造商的功能规范连接电缆的总长度超过 3m 的端口。

[b] 不适用于连接电池或再充电时必须从装置上拆下的可充电电池的输入端口。

　　具有直流电源输入端口与 AC – DC 电源转换器配合使用的装置应按制造商的规定对 AC – DC 电源转换器的交流电源输入进行试验，若制造商未作规定，应使用一个典型 AC – DC 电源转换器进行试验。此试验适用于准备永久连接长度超过 10m 的电缆的直流电源输入端口。

　　图 4 – 11 为浪涌（冲击）抗扰度试验。

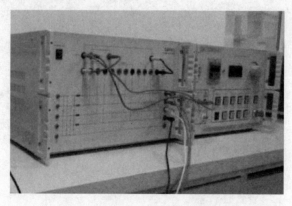

图 4 – 11　浪涌（冲击）抗扰度试验

（3）试验方法

在热量表连接的若干条长度超过 10m 的线路上叠加表 4 – 15 规定的浪涌瞬变。

（4）合格标准

施加浪涌瞬变电压后，受试设备的所有功能应符合设计要求，不应损坏，无异常状况出现。

6. 工频磁场

（1）试验目的

检验受试设备在施加辐射电磁场时有无损坏，有无异常状况出现。

（2）试验要求

磁场强度：60A/m（环境 A，B 级）；100A/m（环境 C 级）。

图 4-12 为工频磁场抗扰度试验。

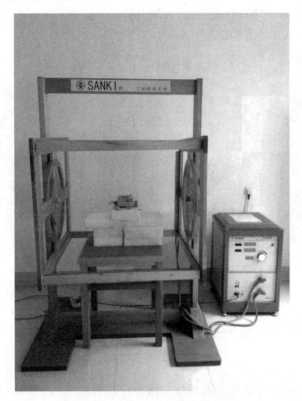

图 4-12 工频磁场抗扰度试验

（3）试验方法

参照 GB/T 17626.8—2006《电磁兼容 试验和测量技术 工频磁场抗扰度试验》执行。

（4）合格标准

热量表在工频电磁场试验中应能正常工作。

7. 电源电压变化

（1）试验目的

检验热量表在交流（单相）主电源静态偏差影响期间，能否正常工作、有无损坏及异常状况出现。电源电压为主电压的额定范围，上限为 U_U、下限为 U_L，电源标称频率为 f_{nom}。

（2）试验要求

① 外接电源：电压：（187~242）V，频率：（47.5~52.5）Hz；

② 内置电池：电压上限为 20℃ 时无负载的电池电压；电压下限为供货商规定的最低工作电压。

（3）试验方法

① 将受试设备置于电源电压变化状态下；

② 施加主电源电压上限值 $U_{nom}(1+10\%)$ 或 $U_u(1+10\%)$；

③ 施加主电源电压下限值 $U_{nom}(1-15\%)$ 或 $U_L(1-15\%)$；

④ 检查受试设备在施加每种电源变化期间是否正常。

（4）合格标准

经受电源电压变化后，受试设备的所有功能应按设计正常运行，无损坏和异常状况出现。

8. 电源短时中断

（1）试验目的

检验电源短时中断后，受试设备的所有功能能否按设计正常运行，有无损坏和异常状况出现。

（2）试验要求

中断时间不得少于50ms，连续两次中断之间的时间间隔应为（10±1）s，重复10次。

图4-13为电压暂降、短时中断抗扰度试验。

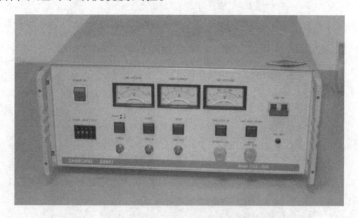

图4-13　电压暂降、短时中断抗扰度试验

（3）试验方法

依据GB/T 17626.11—2008《电磁兼容　试验和测量技术　电压暂降、短时中断和电压变化的抗扰度试验》执行。

（4）合格标准

经受电源短时中断后，受试设备的所有功能应按设计正常运行，无损坏和异常状况出现。

9. 静态磁场

（1）试验目的

检验受试设备在静磁场影响下功能是否正常。

（2）试验要求

试验时的静磁场由环形磁铁产生。环形磁铁外径70mm±2mm、内径32mm±2mm、厚度15mm，距表面1mm以内的磁场强度90kA/m～100kA/m，距表面20mm处的磁场强度20kA/m。

（3）试验方法

用一块永磁铁接触确定热量表易受静磁场影响、可能导致示值误差超过最大允许误差的部位。该部位的位置通过反复试验，根据误差以及对热量表类型和结构的了解和（或）以往的经验加以确定。

试验部位确定后，将磁铁固定在该部位，然后在常用流量测量被试热量表示值误差。

（4）合格标准

热量表示值误差应不超过最大允许误差，受试设备功能正常。

八、耐压强度

1. 试验目的

检验热量表能否在规定的时间内承受规定的压力而无渗漏和损坏。

2. 试验设备

耐压试验台主要由夹紧装置、增压机构、压力显示仪表、控制阀等组成。耐压试验台可以附加在热量表试验装置上。

3. 试验方法

试验条件一：

① 试验水温比上限温度低（10±5）℃；

② 压力为最大工作压力的1.5倍；

③ 持续时间 30min。

试验条件二：

① 试验水温比上限温度高 5℃；

② 压力为最大工作压力；

③ 持续时间 30min。

选择一种试验条件进行耐压试验，每次试验过程中，应逐渐增大和降低压力，以避免产生压力波动。

4. 合格标准

在规定的压力试验中，被试热量表应无泄漏或损坏。

九、压损

1. 试验目的

检验热量表在常用流量下的压力损失是否符合要求。

2. 试验设备

压力损失试验设备包括一个装有被试热量表的管道系统测量段和产生规定的恒定流量流经热量表的设备。

在测量段的进水管和出水管应安装相同设计和尺寸的取压孔。取压孔的设计可参考 GB/T 778.3—2007。

3. 试验方法

将热量表安装在压力损失试验设备上，用一根无泄漏的管子将同一平面上的每一组取压口接到差压测量装置（如差压计或差压变送器）的接口上，清除测量装置和连接管内的空气并进行测量。通水排除管道中的空气，使水温达到试验温度并稳定。

（1）在试验段安装热量表时，在常用流量下测量由于热量表加管段引起的压力损失 Δp_2；

（2）在试验段未安装热量表时，在常用流量下测量由于管段引起的压力损失 Δp_1；

（3）计算热量表的压力损失 Δp

$$\Delta p = \Delta p_2 - \Delta p_1$$

4. 合格标准

热量表的最大压力损失不超过 25kPa。

十、电源 24h 中断

1. 试验目的

检查热量表断电 24h 后，热量表的显示是否正常。

2. 试验设备

试验设备一般包括 2 台电阻箱和流量模拟设备，也可以在热量表检定装置上进行试验。

3. 试验方法

（1）在最大温差 $\Delta\theta_{max}$ 和 q_p 条件下运行计算器 2h；

（2）在 $\Delta\theta_{max}$ 和零流量的条件下运行计算器 2h；

（3）记录热量表的热量显示值；

（4）断开电源 24h；

（5）重新连接电源；

（6）记录热量表的热量显示值。

4. 合格标准

计算器应进行电源中断试验，断电前后显示的热量值的变化应不超过最小有效位数的值。

附表 型式评价内容有关符号及说明

符号	符号含义	单位	备注
E	热量表热量值的最大允许误差	kW·h 或 MJ	
E_q	热量表流量传感器最大允许误差		
E_θ	热量表温度传感器最大允许误差		
$E_{\Delta\theta}$	热量表配对温度传感器温差最大允许误差		
E_G	热量表计算器最大允许误差		
E_{qi}	第 i 个流量试验点流量示值误差		
V_{ci}	第 i 个流量试验点标准体积流量	m^3	
V_{di}	第 i 个流量试验点热量表流量传感器的体积流量	m^3	
E_{Gi}	第 i 个计算器试验点计算器示值误差		
Q_{ci}	第 i 个试验点标准热量值	kW·h 或 MJ	
Q_{di}	第 i 个试验点热量表热量值	kW·h 或 MJ	
$E_{\Delta\theta i}$	第 i 个温差试验点温差示值误差		
$\Delta\theta_{ci}$	第 i 个温差试验点标准温差	℃	
$\Delta\theta_{di}$	第 i 个温差试验点热量表配对温度传感器温差	℃	
q_5	最小流量	m^3/h	
q_s	最大流量	m^3/h	
q_p	常用流量	m^3/h	
q_i	最小流量	m^3/h	
θ	温度	℃	
θ_{max}	最大温度	℃	
θ_{min}	最小温度	℃	
θ_r	回水温度	℃	
θ_f	供水温度	℃	
$\Delta\theta$	温差	℃	
$\Delta\theta_{max}$	最大温差	℃	
$\Delta\theta_{min}$	最小温差	℃	
U	电源电压	V	
U_{nom}	电源标称电压	V	
f_{nom}	电源标称频率	V	
U_U	上限电压	V	
U_L	下限电压	V	
U_{bmax}	电池上限电压	V	
U_{bmin}	电池下限电压	V	
EUT	受试验设备		

第五章　热量表耐久性试验

第一节　耐久性试验说明

一、概述

热量表耐久性试验是考察热量表使用寿命的一种试验。热量表耐久性试验分为流量传感器的耐久性试验和温度传感器的耐久性试验。本试验在检定规程、行业标准及 OIML 国际建议 R75 和欧洲标准 EN 1434-4：2007中均有相关要求。

二、耐久性试验的目的和意义

耐久性试验一般针对仪表产品的基本元器件、制造材料和生产工艺方法进行，目的在于检验产品相关部件长时间的耐高温特性，以确定产品受磨损部件、使用材料及生产工艺经过磨损后的计量特性或产品性能是否满足要求。

热量表作为热计量贸易结算的重要计量器具和依据，必须确保计量准确和长期可靠。热量表的耐久性试验是检验热量表长期运行的主要手段和方法，通过科学、合理、有效的耐久性试验，能够保证热量表运行的长期可靠，其意义主要在于：

1. 保证仪表产品电子元器件质量的必要手段

对仪表产品的电子、电气元件进行温度变化和冲击老化试验，对于增强仪表产品的稳定性和牢靠性具有非常重要的作用。温度变化和冲击老化试验不只能消除电子、电气元件在制造过程中形成的内应力，提高其工作的稳定性、牢靠性和耐久性，而且还能检测出有缺陷或高失效率的元件，降低组装而成的整机在使用过程中的故障风险，从而达到提升仪表的整机正常运转质量的目的。

理论证明，仪表产品出厂检验前的整机，在产品最高设计使用温度的环境下通电连续运行老化实验，对于提升仪表产品整机耐久性，特别是电子线路局部的运行质量，具有事半功倍的作用。

2. 检验热量表产品质量影响因素的要求

目前热量表的流量计量部分主要采用机械叶轮式流量传感器或超声波流量传感器。对于机械叶轮式流量传感器，形成磨损老化的最主要因素是流量负荷的大小变化；而对于超声波流量传感器，造成换能器老化的最主要因素是温度负荷的骤然变化。因此，模拟这些工况并采用要求的实验条件，使热量表运行在变流量和高温下，可以检验热量表的老化程度对计量特性和产品性能的影响。

也有观点认为，对于机械式热量表进行耐磨损试验是非常必要的，而对于超声波热量表，由于其接触载热流体部分没有易磨损部件，因此不需要进行耐磨损试验。但近年来通过实际使用和实验，综合热用户的反应，超声波热量表在安装并运行后出现计量不准、显示不稳、无法使用或部件损坏等问题，在一定程度上也是由于长期使用后流量温度发生变化，从而无法满足整个计量周期内的要求。

3. 相关标准的要求

（1）OIML 国际建议 R75

在流量为 q_s，并处于流量传感器需要承受的载热流体的温度上限时，试验持续时间应为300h。在耐久性试验之后，应该在 OIML R75 6.4.1 规定的流量，在 (50 ± 5)℃，或者当 $\theta_{max} < 50$℃ 时在

（$\theta_{max}\,_{-5}^{\ 0}$）℃下对误差进行确定，不应出现重大的偏差。

（2）欧洲标准 EN 1434 - 4：2007

① 常规试验

流量传感器的耐久性试验由正常使用时限的热量表的基础试验和附加的耐久性试验两部分构成，其中，只对长寿命的流量传感器进行附加试验。

对于有多种规定安装方位的热量表，性能试验应在可能出现较大影响的方位进行。

② 基础磨损试验

试验程序是建立在 3 个不同流量点下的 100 个连续循环的基础上，每个循环时间为 24h，共计 2400h 试验。

③ 附加试验

长寿命流量传感器的附加耐久性试验应在流量 q_s，上限温度，进行 300h 试验。

根据上述标准的描述，OIML 国际建议 No75 中，只有固定流量下的耐久性试验，与欧洲标准 EN 1434 - 4：2007 中规定的附加试验一致。而 EN 1434 - 4：2007 中的基础磨损试验，不仅时间增加，而且包括了流量的变化，采取变流量的方式，模拟实际供暖过程来进行，模拟出了热量表在实际使用中的工作条件和负荷变化，能更真实地反映出热量表的产品质量，也更符合我们对耐久性试验的要求。因此，建议使用欧洲标准 EN 1434 - 4：2007 的试验方法。

第二节　流量传感器耐久性试验

热量表耐久性试验装置由控温水箱、加压容器、变频热水水泵、自动流量调节装置、水温检测装置、流量和持续时间检测装置、防护装置和远程监控信息系统组成。

一、通用技术要求

1. 外观

装置外观应整洁、表面有良好的保护层，所有文字、符号、标识应清晰。装置应有铭牌，铭牌应注明厂名、规格型号、装置参数工作范围、出厂编号、生产日期等。

2. 材料

热量表检定装置的重要部件应具有适当强度和耐高温性能，所有的管道、稳压罐、弯头、法兰、盲板等各种浸液部分的部件均要求采用不锈钢材料。与热水接触部件的材料应耐腐蚀、耐高温、耐锈蚀，否则，应进行表面处理以满足要求。所有热水循环管道材质应为优质不锈钢，并做保温处理，外包饰层应采用抛光不锈钢。

3. 介质条件

介质应为单相的清洁水，流动应是稳定流。

4. 设备组成及要求

（1）加热及控温设备

水箱为有加热方式的控温水箱，应安装水位指示装置，并且能实现自动续水功能。

（2）热水泵

需要至少两组热水泵，通过控制系统自动轮流切换，切换时间间隔可以预设。热水泵由变频器控制，要求适应高温运行条件，且在热水高温下能至少连续运转 24h，各性能不下降。

出口流量波动应小于 5%。

（3）稳压容器

稳压方式可以采用稳压罐和变频器共同稳压的方式，稳压罐的压力通过压力变送器与水泵的变频器联接，人工设定压力，自动恒压。稳压罐容积的设计应满足最大流量下的稳压要求。稳压罐的设计应符合压力容器相应的技术规范要求，材料采用不锈钢。稳压罐应有保温措施，外层加不锈钢包饰。稳压系统应安装过压保护，自动回水，回水道应足够。水泵出口应安装止回阀。稳压容器应安装卸压阀。

（4）管路和加表器

回水管路要求尽量封闭（不能为敞口设计），以减少热水与空气的接触面积从而避免大量蒸发和降温。

夹表器应采用气动方式，要求耐高温，动作灵活。夹表器伸缩长度应能满足不同长度的流量传感器表的要求，如果不能，则需配置适当长度的接管，以满足不同长度的流量传感器的装夹要求。建议使用手动夹表器，及具有安全保护功能的硬件互锁系统。

（5）水温检测、流量指示和自动调节装置

应有水温检测装置，对入口水温自动检测和记录。

流量指示仪表（如电磁流量计）应耐高温，准确度优于0.5级。应采用控制系统对阀门的开度和持续时间进行控制和自动调节。

（6）远程监控信息系统

由于试验持续时间长，变流量对装置的要求比较高，为了实现对试验过程中风险的监控和预警，建议装置安装远程监控信息系统，实现无人值守、自动监测和自动连续运行。当发生各种意外情况（如停电、停水、漏水造成水压变化、热水各组件发生意外情况等）时，应具备自动安全复位处理能力，并及时通过实时通讯系统向管理人员发出提醒信息或警报信号。

（7）应实现的功能

① 系统应该具有自动续水功能，并且应该具备不能自动续水时自动停止加热和报警功能。

② 系统温度采集系统应具备模块化、方便拆卸，便于进行量值溯源。

③ 系统应具备意外紧急情况发生时自动报警、自动安全处理和报警功能。当系统发生跑冒渗漏等故障时应具备自动停止加热和报警功能。当系统发生停电故障时应具备状态记录自动存贮功能和报警功能。

④ 系统应自动实现流量保持稳定功能。当供电电网电压随时间发生变化或者波动等各种因素引起流量发生变化时，系统应能自动实现变频流量调节，保持流量的稳定性。系统应具有较强的抗干扰能力。

⑤ 系统各个部分组件应严格具备在高温下连续工作大于350h的能力并具备高温下的安全防护使用级别。包括所有的管道、稳压罐、弯头、法兰、盲板等各种浸液部分的部件，阀门（气动球阀、手动球阀、电动阀等）等各种开关组件，夹表器、垫圈等各种连接器件等。

⑥ 系统应具备自动计时功能及手工设置工作运行时间功能。当设定工作时间到达时，系统应具备自动安全停止运行功能。系统应具备停机或者停电情况下保持各种运行过程中历史信息参数的功能，并应具备自动采集和保存连续运行过程中的时间、流量、温度、压力等检测历史信息参数的功能。历史数据的时间间隔不能太长。系统控制器记录的历史数据应该具有方便导出功能（通过 USB 口、RS-232 口或者其他通讯方式）。

二、耐久性试验程序

1. 试验目的

为了确定热量表的耐久性，热量表及其组件需进行加速磨损试验。同一系列热量表可选择其中一种尺寸规格进行试验。

2. 技术要求

公称直径小于或等于50mm并作为户用安装的热量表，耐久性试验时间为2400h；公称直径大于50mm或楼栋安装的热量表，耐久性试验时间为960h。其中，耐久性试验温度条件为：$(\theta_{max} - 5℃) \sim \theta_{max}$。

试验中流量的偏差要求

$$1.5q_i \pm 5\%,\ q_p \pm 5\%,\ q_{s\,-5\%}^{\ \ 0}$$

耐久性试验进行中，每试验480h后，进行示值误差试验，结果应符合最大允许误差的要求。示值误差的试验水温，对于热量应用：介质温度（50±5）℃或（$\theta_{max\,-5}^{\ \ 0}$）℃（如果θ_{max}＜50℃）；对于冷量应用：介质温度（15±5）℃。

试验期间至少每天记录一次在常用流量条件的下列参数：

① 热量表热量读数；

② 流过热量表的流量；

③ 热量表上游水温。

3. 准备

热量表可以串联或并联或两种方式组合进行试验，对于有多种规定安装方位的热量表，性能试验应在可能出现较大影响的方位进行。

装置中不应导致空穴或其他额外磨损。热量表及连接管道应便于排出空气。调节流量时流量变化应渐变，以防止产生水锤。

一个完整的循环由下列几个阶段组成：

a）开始到试验流量q_p阶段；

b）恒定试验流量q_p阶段；

c）从试验流量q_p到试验流量q_s阶段；

d）恒定试验流量q_s阶段；

e）从试验流量q_s到试验流量q_p阶段；

f）恒定试验流量q_p阶段；

g）从试验流量q_p到试验流量1.5q_i阶段；

h）恒定试验流量1.5q_i阶段。

4. 试验次序

（1）将热量表单独或成组安装于试验设备上。

（2）试验期间，保持热量表在其额定工作条件内，下游的压力应足够高以防止在表内产生空穴。

（3）试验应在热量表温度上限进行。

（4）调节流量至规定的允差内。

（5）按规定的流量运行热量表。

（6）时间要求：不同负荷间的4个转换间隔，即循环中的a）、c）、e）、g）4个阶段为15min；恒定试验流量q_p，即循环中的b）、f）两个阶段共为16h；恒定试验流量q_s，即循环中的d）阶段为1h；恒定试验流量1.5q_i，即循环中的h）阶段为6h。

（7）进行100个循环的试验。

其他要求：

（1）试验期间，除了开启、关闭、停止阶段外，流量相对变化应不超过±10%。试验中的热量表可用来核查流量。

（2）流量循环的每个阶段的时间允差不超过±10%，总试验持续时间允差应不超过±5%。

（3）循环数应不低于规定值。

（4）试验期间应至少每天记录一次下列参数：

① 热量表上游的压力；

② 热量表下游的压力；

③ 热量表上游入口的温度；

④ 试验中循环的 8 个阶段的持续时间；

⑤ 流过热量表的累积流量；

⑥ 循环数量（周期数）；

⑦ 试验热量表的读数。

5. 合格标准

试验后，应按照 EN 1434 - 4：20076.4.2 中的流量点（对于流量传感器）确定示值误差。

如需进行附加的耐久性试验，应按照具体要求进行，过程与操作要求可参考本章第一节的描述。

三、试验记录表格

1. 基础试验过程记录表格

见表 5 - 1。

表 5 - 1　基础试验过程记录表

样品编号：_____　　安装方式：_____　水温：_____℃　　水压：_____MPa

日期	时间	上游压力/MPa	下游压力/MPa	上游温度/℃	流量值/(m³/h)	仪表读数/L	每次流量循环时间/s								总的体积排放量/m³	总的流动循环次数
							$0{\to}q_p$	q_p	$q_p{\to}q_s$	q_s	$q_s{\to}q_p$	q_p	$q_p{\to}1.5q_i$	$1.5q_i$		

注：试验的循环次数 = 100。

试验结束后的总量 =

理论总量 =

环境条件　室温：_____℃　相对湿度：_____%

试验员：_____　　核验员：_____　　试验日期：_____

2. 附加试验过程记录格式

见表 5 - 2。

表5－2　附加试验过程记录表

日期	时间	上游压力/MPa	下游压力/MPa	上游温度/℃	流量值/(m³/h)	样品编号	仪表读数/L	总的体积排放量/m³
试验结束后流经仪表的体积								
理论总体积								
环境条件	室温：_____℃　相对湿度：_____%							

试验员：_____　　核验员：_____　　　　　　　　　　　　　　　试验日期：_____

第三节　配对温度传感器耐久性试验

一、配对温度传感器耐久性试验方法

配对温度传感器在使用温度范围内，应均匀选择3个温度点进行误差试验，试验须包含温度范围上、下限温度点。

二、配对温度传感器耐久性试验要求

1. 试验程序

将温度传感器缓慢放入已达上限温度的恒温槽中，在该温度保持足够时间以达到热平衡，随后从上限温度的恒温槽中取出置于室温空气中，然后缓慢放入已达下限温度的恒温槽中，并在该温度下保持一段时间并达到热平衡，最后从下限温度的恒温槽中取出。此过程重复10次。

试验过程中应注意：

（1）上限和下限温度的恒温槽应已达到设定温度，并保持稳定状态。波动度等指标应符合热量表配对温度传感器检测要求。

（2）热量表配对温度传感器放入和取出恒温槽应缓慢，避免快速取放。

（3）从一个恒温槽取出后不应在室内温度停留过长时间，宜尽快放入另一个恒温槽中。

（4）在每个恒温槽中达到热平衡温度并保持的时间不应太短，一般应不少于 5 ~ 10min。

（5）重复 10 次的试验宜集中完成，如条件不允许，应尽可能分少的批次完成。

2. 试验要求

耐久性试验后，在上述 3 个温度点再进行误差试验，配对温度传感器温度值的变化值须小于 0.1℃。

3. 绝缘电阻试验

温度循环试验后，作为组件的温度传感器需在以下条件进行绝缘电阻试验：

（1）传感器的金属外壳和连接到传感器的每个导体间的绝缘电阻在（50 ± 5）℃（热量应用）或（15 ± 5）℃（冷量应用）条件下进行试验，使用 100V 直流电进行测试。电压极性应颠倒过来，被测电阻不小于 100MΩ。

（2）传感器的金属外壳和连接到传感器的每个导体之间的绝缘电阻在传感器处于最高温度时进行试验，测试直流电压不超过 10V。电压两极翻转，被测电阻不小于 10MΩ。

对于组合式热量表或整体式热量表应分别进行流量传感器的耐久性试验和温度传感器的耐久性试验。试验要求、试验内容、试验方法等按照耐久性试验的有关条款要求。

第六章　配对温度传感器的要求

第一节　温度传感器准确度的测试与计算

一、温度标准装置

温度标准装置应符合检定热量表配对温度传感器的温度范围要求和不确定度的规定。

二、环境条件

测试按下列环境条件：
室内温度：$(15 \sim 35)$℃；
相对湿度：$(25 \sim 75)$％；
大气压力：$(80 \sim 106)$kPa

三、测量点

① 温度传感器在测试时不应带外护套管。温度传感器应在以下温度范围中选择 3 个测量点，其高温、中温、低温应在热量表工作温度范围内均匀分布：

$$(5 \pm 5)℃,(40 \pm 5)℃,(70 \pm 5)℃,(90 \pm 5)℃,(130 \pm 5)℃,(160 \pm 10)℃$$

② 配对温度传感器温差的误差测试应在同一标准温槽中进行，配对温度传感器测试时不应带保护套管，其 3 个测量温度点的选择按表 6-1。

表 6-1　配对温度传感器温差的误差测试点

测试温度点	温度下限 θ_{min}	测试温度点的范围	
		供热系统	制冷系统
1	<20℃	$\theta_{min} \sim (\theta_{min} + 10$℃$)$	$(0 \sim 10)$℃
	$\geqslant 20$℃	$(35 \sim 45)$℃	—
2	—	$(75 \sim 85)$℃	$(35 \sim 45)$℃
3	—	$(\theta_{max} - 30$℃$) \sim \theta_{max}$	$(75 \sim 85)$℃

温度传感器在测试时，浸入深度不应小于其总长的 90% 。

四、测试

① 准确度测试每个点测量 3 次。
② 每次测量包括温度标准装置的读数和温度传感器有效读数。
③ 当温度传感器和计算器不可拆分时，可对组件采用分量组合试验条件进行试验。配对温度传感器在各温度点测量的温度值与标准温度计测量的温度值之差的绝对值不应大于 2℃；配对温度传感器的供水温度传感器与回水温度传感器在同一温度点测量的温度值之差应满足最小温差准确度要求。

五、测试结果计算

1. 单只温度传感器误差

温度传感器第 j 个测量点第 k 次的基本误差按公式（6-1）计算；第 j 个测量点的基本误差按公式（6-2）计算；温度传感器的基本误差按公式（6-3）计算

$$R_{jk} = \theta_{jk} - \theta_{sjk} \qquad (6-1)$$

式中：R_{jk}——温度传感器第 j 个检测点第 k 次的基本误差值 $(j = 1, 2, \cdots, n)$，$(k = 1, 2, \cdots, m)$，℃；

$\quad \theta_{jk}$——第 j 个点第 k 次的温度传感器的读数，℃；

$\quad \theta_{sjk}$——第 j 个点第 k 次的标准装置读数值，℃。

$$R_j = \frac{1}{m} \sum_{k=1}^{m} R_{jk} \qquad (6-2)$$

$$R = (R_j)_{max} \qquad (6-3)$$

式中：R_j——第 j 个测量点的基本误差值，℃；

$\quad R$——温度传感器的基本误差值，℃；

$\quad (R_j)_{max}$——测试中各测量点基本误差的最大值，℃。

温度传感器的基本误差应符合最大允许误差的规定。

2. 配对温度传感器温差误差

测量计算温度标准装置温差和配对温度传感器温差有效读数，并按公式（6-4）计算相对误差

$$E_{jk} = \frac{\Delta\theta_{jk} - \Delta\theta_{sjk}}{\Delta\theta_{sjk}} \times 100\% \qquad (6-4)$$

式中：E_{jk}——相对误差；

$\quad \Delta\theta_{jk}$——第 j 个检测点第 k 次的配对温度传感器温差值 $(j = 1, 2, \cdots, n)$，$(k = 1, 2, \cdots, m)$，K；

$\quad \Delta\theta_{sjk}$——第 j 个检测点第 k 次的标准装置温差读数值，K。

标准装置第 j 个测量点 m 次测量值的平均温差按公式（6-5）计算

$$\Delta\theta_{sj} = \frac{1}{m} \sum_{k=1}^{m} \Delta\theta_{sjk} \qquad (6-5)$$

式中：$\Delta\theta_s$——标准装置第 j 个测量点 m 次测量值的平均温差，K。

将 $\Delta\theta_{sj}$ 的计算结果代入误差公式，计算出配对温度传感器温差误差限曲线 $E_\theta = f(\Delta\theta_{sj})$

第 j 点的配对温度传感器温差误差 E_j 按公式（6-6）计算

$$E_j = \frac{1}{m} \sum_{k=1}^{m} E_{jk} \qquad (6-6)$$

各点的 E_j 值在 $E_j = f(\Delta\theta_{sj})$ 界限曲线内为合格；若有不合格点，则该点应重复测试 2 次，2 次均合格为合格，否则为不合格。

第二节 铂电阻温度传感器的结构和安装

一、结构

用于管道公称直径小于 DN400 的温度传感器，有三种不同的结构：

（1）直接插入管道的短温度传感器，型号为 DS，其标准结构尺寸见图 6-1，非标准结构尺寸见图 6-2。DS 型温度传感器应用固定的引线电缆连接。

单位：mm

图 6 - 1　DS 型温度传感器标准结构尺寸

1—测温元件（铂电阻）；2—测温元件保护管；3—密封圈

单位：mm

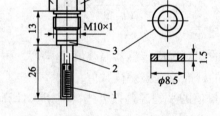

图 6 - 2　DS 型温度传感器非标准结构尺寸

1—测温元件（铂电阻）；2—测温元件保护管；3—密封圈；4—铅封备用孔；5—连接导线

（2）直接插入管道的长温度传感器，型号为 DL，其标准结构尺寸见图 6 - 3，非标准结构尺寸见图 6 - 4 和图 6 - 5。DL 型温度传感器可采用接线盒或固定引线两种连接方式。

单位：mm

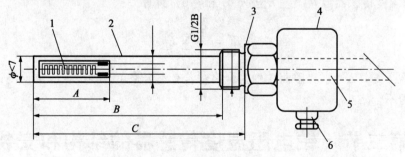

选择长度/mm		
A	B	C
< 30	85	105
≤50（Pt1000）	120	140

图 6 - 3　DL 型温度传感器标准结构尺寸

1—测温元件（铂电阻）；2—测温元件保护管；3—密封圈；

4—接线盒外形；5—固定引线轮廓；6—传感器导线直径，≤9mm

单位：mm

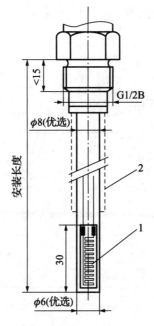

图 6 – 4　DL 型温度传感器非标准结构尺寸（之一）

1—测温元件（铂电阻）；2—测温元件保护管

单位：mm

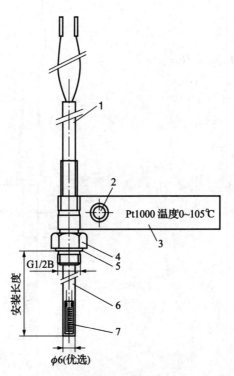

Pt1000 温度 0~105℃

图 6 – 5　DL 型温度传感器非标准结构尺寸（之二）

1—连接导线；2—铅封备用孔；3—数据牌（例）；4—铅封备用孔；
5—密封面；6—测温元件保护管；7—测温元件（铂电阻）

（3）温度传感器插在套管中，套管固定在管道上的长温度传感器，型号为 PL，其标准结构尺寸见图 6-6，非标准结构尺寸见图 6-7 和图 6-8。PL 型温度传感器可采用接线盒或固定引线两种连接方式。

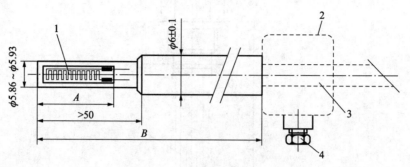

单位：mm

选择长度/mm	
A	*B*
<30	105
≤50（Pt1000）	140
—	230

图 6-6　PL 型温度传感器标准结构尺寸

1—测温元件（铂电阻）；2—接线盒外形；3—固定的引线轮廓；4—传感器导线直径，≤9mm

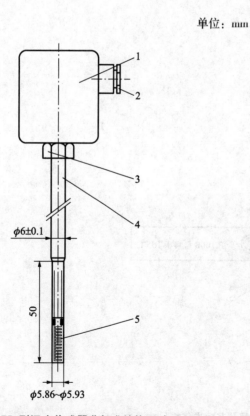

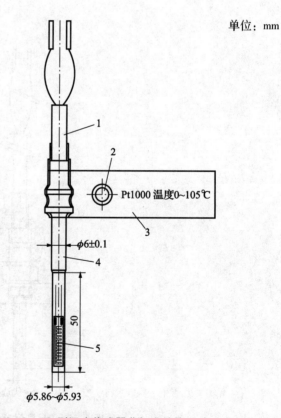

单位：mm　　　　　　　　　　　　　　　　　　　单位：mm

图 6-7　PL 型温度传感器非标准结构尺寸（之一）

1—接线盒（典型）；2—信号电缆螺旋接头；3—铅封备用孔；
4—测温元件保护管；5—测温元件（铂电阻）

图 6-8　PL 型温度传感器非标准结构尺寸（之二）

1—连接导线；2—铅封备用孔；3—数据牌（例）；
4—测温元件保护管；5—测温元件（铂电阻）

　　PL型温度传感器必须与对应的插入套管配套使用，插入套管结构尺寸见图6－9。在安装时，先在管道上焊接一个焊接接头，然后把插入套管拧入焊接接头，再将PL型温度传感器插在插入套管中。用于垂直水流方向安装的焊接接头见图6－10，用于与水流方向成45°角安装的焊接接头见图6－11。

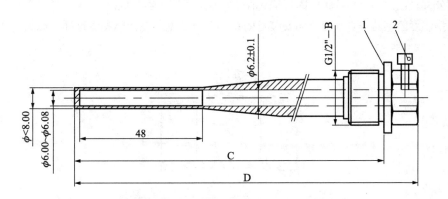

单位：mm

选择范围/mm	
C	D
85	≤100
120	≤135
210	≤225

图6－9　插入套管结构尺寸

1—密封面；2—带有铅封备用孔的上紧螺栓

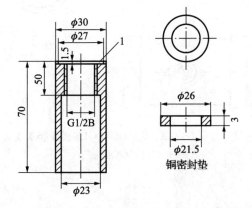

单位：mm

图6－10　垂直水流方向安装的焊接接头结构尺寸

1—用于安装密封圈

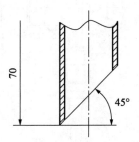

单位：mm

图6－11　与水流方向成45°角安装的焊接接头结构尺寸

DS 型和 DL 型温度传感器的保护管和与 PL 型温度传感器配套的插入套管应采用导热率良好、坚固、耐磨的材料来制造。在有套管和无套管两种情况下的测量差值，应小于最大允许误差的 1/3。

二、安装

（1）管道公称直径为 DN15～DN32 时，应选用 DS 型温度传感器。温度传感器内的测温元件应达到管道的中心线。DS 型温度传感器垂直水流方向安装见图 6-12，DS 型温度传感器直接插入球阀安装见图 6-14。

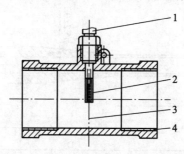

图 6-12　DS 型温度传感器垂直水流方向安装图

1—DS 型温度传感器；2—测温元件应插至管道中心轴线；3—温度传感器轴线应垂直于管道中心轴线；
4—螺纹接头安装管件，见图 6-13

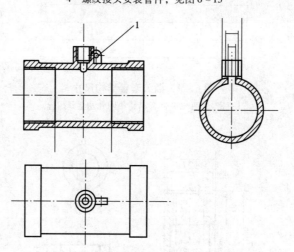

图 6-13　配有 G1/2B、G3/4B 和 G1B 螺纹接头安装管件

1—铅封备用孔

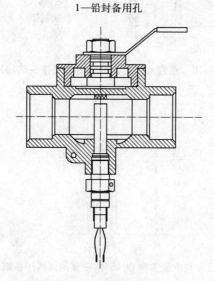

图 6-14　DS 型温度传感器直接插入球阀安装图

（2）管道公称直径为 DN40、DN50 时，应选用 DL 型温度传感器或者选用带插入套管的 PL 型温度传感器。温度传感器内的测温元件应达到管道的中心线。在管道弯头处安装，温度传感器的底部应逆水流方向，见图6-15；使用焊接接头（图6-11）与水流方向成45°角安装，见图6-16。

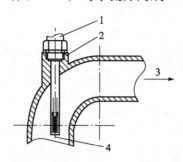

图6-15　温度传感器管道弯头处安装图

1—DL 型温度传感器或 PL 型温度传感器带插入套管；2—焊接接头；

3—水流方向；4—温度传感器的轴线应与管道中心轴线一致

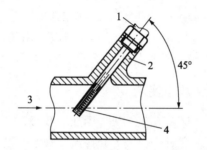

图6-16　与水流方向成45°角安装图

1—DL 型温度传感器或 PL 型温度传感器带插入套管；

2—焊接接头；3—水流方向；4—测温元件插到管道中心处

（3）管道公称直径为 DN65～DN400 时，应采用 DL 型温度传感器或者选用带插入套管的 PL 型温度传感器。温度传感器可以垂直水流方向安装，见图6-17，可使用焊接接头。

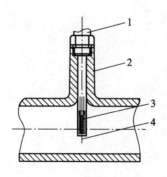

图6-17　垂直水流方向安装图

1—DL 型温度传感器或 PL 型温度传感器带插入套管；2—焊接接头；

3—温度传感器轴线应垂直于管道中心轴线；4—测温元件插到管道中心处

（4）在下列环境条件下，温度传感器插入深度大于正常深度而引起的配对误差不应超过0.1K：

——温度标准装置的温度：（90±5）℃；

——环境温度：（23±3）℃。

三、温度传感器引线电缆

（1）温度传感器的引线电缆一般由制造厂配套提供。已匹配成对的温度传感器，所采用电缆的导体截面和长度都应相同，且不得改变供应商提供的信号导线的长度。

（2）温度传感器采用两线制时，其电缆长度应符合下列规定：

a）Pt100 温度传感器导线允许的最大长度应符合表 6 -2 的规定。

表 6 - 2　Pt100 温度传感器导线允许的最大长度

导线导体截面积/mm²	最大长度/m
0.22	2.5
0.50	5.0
0.75	7.5
1.50	15.0

b）使用 Pt100 温度传感器，导线的电阻不大于 $2 \times 0.2\Omega$ 时，信号导线的长度可以忽略不计。

（3）当温度传感器电缆长度超过 25m 时，温度传感器应采用四线制。接线盒型温度传感器的导线截面积宜采用 $0.5mm^2$，电缆型温度传感器的导线截面积不应小于 $0.22mm^2$。

四、温度传感器测量误差及其他要求

（1）每一只温度传感器应符合 JB/T 8622—1997 标准的 B 级，且应进行配对。配对时在 3 个温度点上进行测量。配对温度传感器的准确度应符合最大允许误差规定。制造商在产品说明中应给出单只温度传感器的热响应时间。

（2）由配对温度传感器设计制作的套管材料和结构而引起的温差偏差不应超过 0.1K。

（3）铂电阻温度传感器的设计应符合 JB/T 8622—1997 的规定，所有的检测完成后，应提供每一对（每只）温度传感器的测试数据报告。

（4）配对温度传感器标牌应标明以下内容：

——型号规格；

——温度范围；

——安装位置标记；

——配对标记；

——供货商名称。

第七章　热量表应用红外光学读数装置数据通讯协议

第一节　通　讯　协　议

一、通讯协议的概念

通讯协议是物理层条件满足下实现正常通讯的报文和字节以及时序的相关要求，更简单地说是一种编码方式，包括每个字节的编码格式，每段数据帧的编码格式（链路层）以及数据类别的定义（应用层），还包括在通讯过程中的时序要求，如字节之间的延时，数据帧发送接收之间的延时，各种时序之间需要的超时等待等诸多要求。只有严格按照通讯协议编写通讯代码，才能保证通讯的正常连接，否则就会出现通讯失败或者通讯不稳定的情况。在许多时候，往往理解为物理层就是通讯协议，比如M‑Bus仅仅代表的是一种电气接口型式，而在这个物理接口下，可以采用多种通讯协议进行数据传输。目前热量表企业中，很多企业都采用了不同的通讯协议，或者对外宣称采用了标准协议，而实际上因为现有协议表述不清晰，要求不明确，造成在仪表数据抄收上相互不一致和不稳定的情况经常出现。

一般地，对热量表来说，除了物理层的定义，主要还包括链路层和应用层的定义。链路层主要是对握手和仪表地址定位等进行规范的报文，而应用层主要是对数据的归类和定义。在链路层通讯成功的情况下，如果应用层未做更明确的要求，也会造成数据的解析失败，导致无法正常读取数据。

热量表行业自2009年来快速发展，但在仪表通讯上却一直无法统一，使仪表检定部门无法采用自动检定的方法，效率低下。在供热部门，不同厂家的仪表的集成也无法统一，采用不同企业的仪表，往往又要使用该企业的平台，而使供热部门要掌握更多企业的仪表以及平台要求，这也使供热部门的管理难度大大的增加。这也是通讯协议需要规范化的重要原因。

从2004年CJ/T 188—2004颁布以来，通讯协议的统一一直在进行中。为了和国际接轨，我国对热量表、水表、燃气表、电表的抄读做了统一的规定，在参照欧洲标准EN 13757的基础上，编制和颁布了国家标准GB/T 26831《社区能源计量抄收系统规范》。

当然，通讯协议统一也会带来一些负面的影响，最大的问题是数据本身的安全性问题，可能存在仪表数据、工作模式等被修改的危险。

二、热量表有关标准通讯相关要求解读

下面对目前热量表经常使用的部分通讯协议进行一些说明，以提高对热量表通讯协议的了解。

1. CJ/T 188—2004《户用计量仪表数据传输技术条件》解读

CJ/T 188—2004《户用计量仪表数据传输技术条件》（下称CJ/T 188）是建设部2004年颁布的为水表、燃气表、热量表等户用仪表的集中抄表制定的一个标准。现在国内多数三表集抄采用的通讯协议都是该标准。但每个制造厂商在使用该标准时也存在的各自理解，导致标准符合性参差不齐，在集中抄表过程中也出现了不少的问题。

（1）通讯接口

标准规定可以采用M‑Bus、RS‑485、无线通讯方式。对接口的电气特性做了相关要求，红外抄表采用38KHz调制红外功能。该调制红外功能由于比较耗电，更多的是应用在电表手持器抄表中，在

CJ/T 188 中则被作为红外抄表的要求。由于水、燃气、热量表多数采用电池供电，在实际使用中采用该接口太耗电，所以实际上很少有厂家采用此方式。在建设部新的热量表标准 CJ 128—2007 中重新定义了新的红外接口，该红外接口采用接触式通讯方式，比较省电。现在的热量表多数采用 CJ 128—2007 中提到的方式。

（2）通讯链路

CJ/T 188 中，链路层满足 DL/T 645—1997《多功能电能表通信规约》的要求，增加了仪表类型项对仪表进行区别。

字节格式：每字节含 8 位二进制码，传输时加上一个起始位（0）、一个偶校验位（E）和一个停止位（1），共 11 位。先传低位，后传高位。标准速率为 300bps，600bps，1200bps，2400bps，4800bps，9600bps。速率可选。帧校验采用累加和校验方式。传输功能码定义见表 7 – 1。

表 7 – 1　传输功能码定义

名　　称	代　　码
帧起始符	68H
仪表类型	T
地址域	A0
	A1
	A2
	A3
	A4
	A5
	A6
控制码	C
数据长度域	L
数据域	DATA
校验码	CS
结束符	16H

采用主从方式，接收方检测到校验和、偶校验位或格式出错，均应放弃该信息帧，不予响应。在一些仪表中会出现检验出错回复，造成通讯出错，甚至 M – Bus 总线出现过载现象。

主从之间的响应时间最小是 $T_d = 1\text{Tbyte}$，最大是 $T_r = 500\text{ms} + 30 \times \text{Tbyte}$，例如，2400 的波特率下，大概有 4.58ms ~ 638ms 的时间延时。一些集中器设计时未考虑延时要求，往往出现响应慢，丢失前字节的情况，导致通讯失败。另外，一些仪表也会出现反应慢而使主机超时，等待失败的情况。

值得一提的是广播命令和读地址操作只能在单机中操作，否则会引起多表回复，造成通讯失败，在 M – Bus 上还有可能出现过载现象。

（3）应用层

应用层由数据域构成，要注意的是，按照传输次序的要求，所有数据均为低字节先传输，高字节后传输；而传输 DI 数据标示会产生误解，例如，DI = 901FH 这个数据标示时，应该先传输 1F，再传输 90，但要求是先传输是 DI0，后传输 DI1，而在标准中没有标示 DI0，DI1 的关系，从而引起误解。有些厂家就会先传输 90，再传输 1F，造成解析出错。

读数据时由于单位代码在一些数据上是没有的，在软件解析中，如果无法知道厂家仪表具体字节的定义，上位机就无法解析。例如，DI = 901FH，按照固定格式的传输是没有问题的，但一些仪表需要更多的数据变量（如热量表要同时传输冷量，热量等）传输时，在不知道数据结构的情况下，就会造成数据错乱，无法得到需要的数据。这也是 CJ 188 在应用中的一个具体问题，需要在应用的时候去处理，或提供报文的实际解析要求给集成商，以免出现问题。

这对仪表的集成显然是一个不大不小的问题，这个问题使得无法真正做到协议要求的可解析性和扩展的灵活性。

2. 社区能源计量抄收系统规范简介

GB/T 26831《社区能源计量抄收系统规范》是我国针对能源计量制定的一系列标准，包括以下几个部分：第 1 部分：数据交换；第 2 部分：物理层和链路层；第 3 部分：专用应用层。这个标准广泛引用了国内外在集抄方面的标准规范，是一个比较全面的能源计量标准规范。

标准第 1 部分主要描述的是数据交换，包括本地的数据采集，局域网（LAN），广域网（WAN），射频以及后期数据处理的对象等；第 2 部分对 M – Bus 总线进行了详细的描述；第 3 部分是应用报文的具体描述。

在热量表应用中，第 2 和第 3 部分是要熟练掌握的两个部分，在热量表应用过程中也经常被采用。对于第 3 部分的研究，需要了解 GB/T 18657.2—2002《远动设备及系统　第 5 部分：传输规约　第 2 篇：链路传输规则（IEC 60870 – 5 – 2：1992，IDT)》的报文来由，否则会不明就里。

第二节　热量表应用红外光学读数装置的数据通讯协议

一、光电接口

为了提高热量表首检的效率，在 CJ 128—2007 中明确提出了对光电接口的具体要求，并作为强制要求对国内的热量表进行相关监督，同时也成为热量表必不可少的基本通讯条件。

对于硬件接口的要求，CJ 128 中沿用了 GB/T 19897.1—2005《自动抄表系统　低层通信协议　第 1 部分：直接本地数据交换（IEC 62056 – 21：2002，MOD)》光电读头的技术特性，并做了严格的硬件规定。

1. 光电电气特性

（1）光电读数装置的基本结构

对磁钢的吸力特性参数做了相关要求；对热量表中光学接口元件的布置做了要求；对光电读头位置调整做了相关说明。

（2）光电接口的光学特性

2. 波长

辐射信号的波长：900nm ~ 1000nm（红外光）。

3. 发射器

读数头以及费率装置中的发射器在距离热量表（费率装置）或读数头表面 $a_1 = 10$mm（ ± 1mm）处产生一信号为最佳作用区，称参考面，如图 7 – 1 所示。

4. 接收器

接收器对着热量表（费率装置）或读数头中的接收器的光轴，在距离参考平面 $a_2 = 10$mm（ ± 1mm）处产生一信号，如图 7 – 2 所示。

5. 性能特点

（1）点对点通讯；

（2）串行异步半双工通讯；

（3）波特率：300bps ~ 9600bps，最少要支持 300bps；实际应用多低于 9600bps，一般使用 2400bps

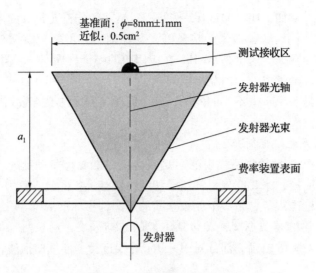

图7-1　发射器测试布局

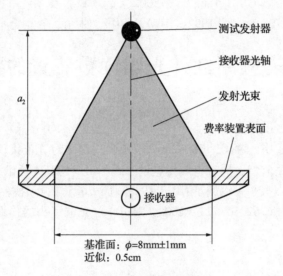

图7-2　接收器测试布局

为多；

（4）适合厂家和检定部门进行相关的检测，参数和修正下载等功能。

二、数据通讯协议

为保证热量表的数据传输和接口通讯协议的相对统一，依据国家有关标准、参考我国实际情况，编写了数据通讯协议。协议旨在为热量表检定部门、生产企业提供符合国标要求、实现数据传输功能的通讯协议，为提高检定效率、降低操作误差、实现热量表的自动检定创造基础条件。

通讯协议主要针对热量表首次检定和其他采用红外光学读数装置的有关热量表试验，依据GB/T 26831.2《社区能源计量抄收系统规范　第2部分：物理层与链路层》和GB/T 26831.3《社区能源计量抄收系统规范　第3部分：专业应用层》编写。

1. 范围

适用于测量和显示载热液体经热交换设备所吸收或释放热能量的热量表、冷量表及冷（热）量表的数据通讯，适用于采用实时同步检定法、启停法开展热量表计量检定、出厂检验等相关工作的检定装置。

2. 引用文件

GB/T 26831.2　社区能源计量抄收系统规范　第 2 部分：物理层与链路层

GB/T 26831.3　社区能源计量抄收系统规范　第 3 部分：专业应用层

GB/T 19897.1—2005 自动抄表系统　低层通信协议　第 1 部分：直接本地数据交换

EN 13757—2004　Communication systems for and remote reading of meters 仪表通讯系统和远程读数

CJ 128—2007　热量表

3. 术语与定义

（1）启停法。在抄读被测表的开始值后，迅速开启流量开关到检定流量，通水检定，当到达预定值时，迅速关闭流量开关，再次记录结束值，而后计算误差的方法。主要适用于多只表的串联检定。

（2）实时同步法。在检定流量不间断的情况下，与标准器同步，实时抄读被测表的开始值和结束值，适用于热量表的单只、多只同时检定。

（3）红外光学读数装置：参考 GB/T 19897.1—2005《自动抄表系统　低层通信协议　第 1 部分：直接本地数据交换》；

（4）主站。参考 GB/T 26831.3《社区能源计量抄收系统规范　第 2 部分：物理层与链路层》。主站特指计算机测试系统，其功能为对从站进行设置命令，接收从站发送来的数据。

（5）从站。参考 GB/T 26831.3《社区能源计量抄收系统规范　第 2 部分：物理层与链路层》。从站特指被检热量表。

4. 实时同步法检定流程

（1）所有指令发送前，主站必须先请求从站唤醒红外通讯功能，具体方法见 6（1）；

（2）主站请求从站回复制造商、计量单位、被检表编号等信息，具体方法见 6（3）；

（3）主站通过光学接口请求从站进入检定状态，从站回复表示进入检定状态，具体方法见 6（2）；

（4）主站通过红外光学接口请求从站发送同步完成信息，具体方法见 6（5）；

（5）主站通过红外光学接口请求从站发送同步数据信息，包含被检表热量、流量、进回水温度等有关信息（被检表的开始值），具体方法见 6（3）；

（6）等待检定需要持续的时间；

（7）主站通过红外光学接口请求从站发送同步完成信息，具体方法见 6（5）；

（8）主站通过红外光学接口请求从站发送同步数据信息，包含被检表热量、流量、进回水温度等有关信息（被检表的结束值），具体方法见 6（3）；

（9）主站计算检定误差并存储等；

（10）对于不同检定点的检测，在调节阀门稳定流量后，重复步骤（4）~（9）直到完成所有检定要求项目；

（11）主站通过红外光学接口发送退出检定状态命令，从站回复表示退出检定状态，具体方法见 6（4）。

注 1：当从站处于检定状态并且在 30min 内没有接受到检定指令后宜自动退出检定状态，若时间不足，在退出检定状态前再次请求从站进入检定状态；

注 2：同步方法为从站接收到同步命令后计算完第一次流量、热量积算，从站将上述数据作为同步数据信息进行存储，并直接发送同步完成数据信息 E5，主站以此作为从站数据同步的时间。

注 3：从站收到主站"请求从站发送同步完成信息"后可能需要一个积算时间间隔才有同步信息，宜在 0.5s 内完成同步并上传 E5，没有收到请再次发送；

注 4：主站发送"请求从站发送同步完成信息"间隔宜为 1s 一次，连续发送次数不大于 10 次。

5. 启停法检定流程

（1）所有指令发送前，主站必须先请求从站唤醒红外通讯功能，具体方法见 6（1）；

（2）主站请求从站回复制造商、计量单位、被检表编号等信息，具体方法见 6（3）；

（3）主站通过红外光学读数装置请求从站进入检定状态，从站回复表示进入检定状态，具体方法见6（2）；

（4）关断表后阀门，等从站流量传感器停止运行后，主站发送读表命令，等待时间不少于10s；

（5）主站通过红外口请求从站发送数据，从站回复相应表内信息（被检表开始值），具体方法见6（3）；

（6）打开表后阀门，进入运行状态，开始检定；

（7）一次检定结束后，关断表后阀门，等待时间不少于10s，然后主站通过红外口发送读表命令，热量表回复相应表内信息（被检表结束值），具体方法见6（3）；

（8）主站计算检定误差并存储等；

（9）重复步骤（3）~（7）直到完成所有检定要求项目；

（10）主站通过红外口发送退出检定状态命令，从站回复表示退出检定状态，具体方法见6（4）。

6. 从站检定中命令

（1）主站请求从站唤醒红外通讯功能

a）唤醒消息是在2.1s~2.3s时间内的一串NUL字符（代码00或55）；

b）该消息中两个NUL字符间最大允许延迟时间为5ms；

c）在唤醒消息的最后一个字符后，主站应在1.5s内开始数据通讯；

d）唤醒通讯波特率为2400bps，1位起始位、8位数据、偶校验位（E）、1位停止位；

e）传输结束：从站发送完数据消息后，数据传输便完成。若传输出错，主站应等待1.5s才可发新的唤醒信号。

（2）主站请求从站进入检定状态

① 主站发送：FF FF…FF 68 04 04 68 53 FE 50 90 CS 16，条文解释见表7-2。

表7-2 进入检定状态条文释义

内容	解释	备注
FF FF…FF	前导码	0~10个FF
68	起始符	固定值
04 04	数据长度=04	重复一次
68	分隔符	
53	C域	主站发送数据到从站
FE	A域地址	FE为广播地址
50	CI域	CI=50应用层重置
90	CI=50时	进入测试状态
CS	校验和	CS=53+FE+50+90
16	结束符	

② 从站应答：E5

③ 从站进入检定状态

注1：当从站接收到"进入检定状态"命令时，从站由非检定状态进入检定状态的同时，宜将检定初始值清0；

注2：当从站接收到"进入检定状态"命令时，从站已处于检定状态时，不宜将检定初始值清0。

（3）主站请求从站发送数据

① 主站发送：FF FF…FF 10 5B FE CS 16，条文解释见表7-3。

表7-3　主站请求从站发送数据条文释义

内容	解释	备注
FF FF…FF	前导码	0～10 个 FF
10	起始符	固定值
5B	C 域	主站发送数据到从站
FE	A 域地址	FE 为广播地址
CS	校验和	CS = 5B + FE
16	结束符	

② 从站应答数据

a）从站应答。在检定状态下应答：FF FF…FF 68 25 25 68 08 A 72 78 56 34 12 89 4E 01 04 03 00 00 00 0C 03 45 23 71 96 0C 10 78 56 12 34 0B 59 12 78 00 0B 5D 34 65 00 CS 16，条文解释见表7-4。

表7-4　从站应答数据条文释义

内容	解释	备注
FF FF…FF	前导码	0～10 个 FF
68	起始符	固定值
25 25	数据长度 = 25	重复一次
68	分隔符	
08	C 域	从站向主站应答数据
A	地址域	00～FF
72	CI 域	
78 56 34 12	ID 号	若热量表显示 ID 为 12345678 时，则发送为 78 56 34 12
89 4E	制造商代码	4E89
01	版本号	
04	测量媒介	04 表示为热量表
03	访问序号	
00	状态	
00 00	签名	
0C 03	热量单位及数据结构	单位为 Wh，数据结构为 4 字节 BCD 码
45 23 71 96	热量值	热量值为 96712.345kWh
0C 10	流量单位及数据结构	例子单位为 mL，数据结构为 4 字节 BCD 码
78 56 12 34	累积流量值	累计流量值为 34.125678m^3
0B 59	入口温度单位及数据结构	入口温度单位为 0.01℃，数据结构为 3 字节 BCD 码
12 78 00	入口温度值	入口温度为 0078.12℃
0B 5D	出口温度单位及数据结构	出口温度单位为 0.01℃，数据结构为 3 字节 BCD 码
34 65 00	出口温度值	出口温度为 0065.34℃
CS	校验和	CS = 自 C 域开始到 CS 前一位之和
16	结束符	

　　b）冷热量表应答。在检定状态下应答（所有数据为16进制）：FF FF…FF 68 2B 2B 68 08 A 72 78 56 34 12 89 4E 01 0D 03 00 00 00 0C 03 89 67 45 23 0C 03 45 23 71 96 0C 10 78 56 12 34 0B 59 12 78 00 0B 5D 34 65 00 CS 16，条文解释见表7-5。

表7-5　冷量表应答条文释义

内容	解释	备注
FF FF…FF	前导码	0～10个FF
68	起始符	固定值
2B 2B	数据长度=2B	重复一次
68	分隔符	
08	C域	从站向主站应答数据
A	地址域	00-FF
72	CI域	
78 56 34 12	ID号	若热表显示ID为12345678时，则发送为78 56 34 12
89 4E	制造商代码	4E89
01	版本号	
0D	测量媒介	0D表示为冷热量表
03	访问序号	
00	状态	
00 00	签名	
0C 03	冷量单位及数据结构	单位为Wh，数据结构为4字节BCD码
89 67 45 23	冷量值	23456.789kWh
0C 03	热量单位及数据结构	单位为Wh，数据结构为4字节BCD码
45 23 71 96	热量值	热量值为96712.345kWh
0C 10	流量单位及数据结构	单位为mL，数据结构为4字节BCD码
78 56 12 34	累积流量值	累计流量值为34.125678m³
0B 59	入口温度单位及数据结构	入口温度单位为0.01℃，数据结构为3字节BCD码
12 78 00	入口温度值	入口温度为0078.12℃
0B 5D	出口温度单位及数据结构	出口温度单位为0.01℃，数据结构为3字节BCD码
34 65 00	出口温度值	出口温度为0065.34℃
CS	校验和	CS=自C域开始到CS前一位之和
16	结束符	

　　（4）主站请求从站退出检定状态
　　① 主站发送：FF FF…FF 68 04 04 68 53 FE 50 00 CS 16，条文解释见表7-6。

表 7-6 主站请求从站退出条文释义

内容	解释	备注
FF FF…FF	前导码	0～10 个 FF
68	起始符	固定值
04 04	数据长度 = 04	重复一次
68	分隔符	
53	C 域	主站发送数据到从站
FE	A 域地址	FE 为广播地址
50	CI 域	CI = 50 应用层重置
00	CI = 50 时	退出测试状态
CS	校验和	CS = 53 + FE + 50 + 00
16	结束符	

② 从站应答：E5

③ 从站退出检定状态

（5）主站请求从站发送同步信息（适用于实时同步检定法）

① 主站发送：FF FF…FF 68 04 04 68 53 FE 50 D0 CS 16，条文解释见表 7-7。

表 7-7 主站请求从站发送同步信息条文释义

内容	解释	备注
FF FF…FF	前导码	0～10 个 FF
68	起始符	固定值
04 04	数据长度 = 04	重复一次
68	分隔符	
53	C 域	主站发送数据到从站
FE	A 域地址	FE 为广播地址
50	CI 域	CI = 50 应用层重置
D0	CI = 50 时	主站请求从站发送同步信息
CS	校验和	CS = 53 + FE + 50 + D0
16	结束符	

② 同步结束后从站应答同步数据：E5

注 1：校验和为自 C 域开始到 CS 前的所有数据和的最低字节，例如，和为 5FF，则为 FF；

注 2：上传数据按标准数据可采用 BCD 编码或 16 进制编码；见 GB/T26831.3－2011《社区能源计量抄收系统规范 第 3 部分：专业应用层》表 6；

注 3：变量类型可根据不同类型进行；见 GB/T 26831.3—2011《社区能源计量抄收系统规范 第 3 部分：专业应用层》表 9；

注 4：数据字节格式：1 位起始位、8 位数据、偶校验位（E）、1 位停止位、波特率为 2400bit/s。

注 5：户用热量表热量单位宜采用 kWh；

注6：以上举例为特定传输方式，宜将累计热量（冷量）、累积流量、瞬时流量、功率、入口温度、出口温度输出；

注7：在冷热量表数据输出时，冷量输出在前、热量输出在后；

注8：主站请求从站发送数据时，由于在检定状态、非检定状态为同一个指令，在检定状态下按照上面例子输出，在非检定状态下正常输出数据即可。

7. 通讯协议说明

上述通讯协议按照国家有关标准进行编写，供热量表生产企业参考使用，着重于热量表的首次检定，以提高效率，逐步实现热量表的检定自动化，更好地服务于供热计量。

第八章　JJF 1434—2013《热量表（热能表）制造计量器具许可考核必备条件》解读

第一节　编写说明

一、任务来源

2012 年 6 月 26 日~27 日，国家质检总局计量司在湖北省恩施市召开 2013 年国家计量技术法规制定计划协调会。根据 2013 年国家计量技术法规制定、修订计划，重点管理的计量器具制造许可考核必备条件作为国家技术规范列入计划，依照全国流量容量计量技术委员会关于国家计量规程规范制定、修订工作通知的工作安排，《热量表制造计量器具许可考核必备条件》国家计量技术规范被增加列入了 2013 年度制订计划，要求 2013 年完成该项目。中国计量科学研究院、北京市计量检测科学研究院和天津市计量监督检测科学研究院作为主要起草单位接受了制定任务，归口全国流量容量计量技术委员会。

起草组于 2012 年 7 月正式启动《热量表制造计量器具许可考核必备条件》国家计量技术规范制定工作，严格按照《国家计量检定规程管理办法》、JJF 1246—2010《制造计量器具许可考核通用规范》等文件的要求进行制订，确保了技术法规制定项目按时保质完成。

二、规范制定的必要性

热量表是国家质检总局强制管理的计量器具，广泛用于供热计量和建筑节能，其产品质量和技术涉及国计民生、贸易结算、供热改革、节能降耗等事关国家发展的基础和关键技术。我国地域辽阔，各个地方有不同的发展特点和自身优势，合理利用能源，进行热能的准确计量和合理量值传递无疑是节约能源的重要手段之一，也是实现可持续发展的有力保障。其中，建筑节能对于热量计量的需求提出了更多的要求和更多的关注。

在国家供热计量改革全面推进和节能减排政策的综合影响下，热量表及相关热计量设备自 2008 年起有了较为明显的变化，近几年得到了持续和平稳的发展，供热计量取得了一定的成果，热量表在全国各地的安装和使用亦逐年推进，有了很大的变化。据不完全统计，热量表销量 2010 年约 270 万块，2011 年约 320 万块，2012 年热量表市场逐渐趋于成熟，预计全年销量大致 300 万块左右。可以看出，热量表市场进入逐步稳定并持续的发展阶段。随着供热计量的运行扩大和热计量收费的逐步实施，智能温控系统、供热节能系统等也得到快速发展。

三、规范制定的技术依据

为了规范热量表制造计量器具许可考核工作，保证考核工作的科学、客观、公平、公正和有效性，根据《制造、修理计量器具许可监督管理办法》和《计量器具新产品管理办法》等计量法规，制定了本考核规范。

本规范是以 JJG 225—2001《热量表》、CJ 128—2007《热量表》为技术依据，结合当前我国热量表行业的生产现状，参考"热能表制造计量器具许可证考核必备条件（国质检量函［2008］556 号）"文件进行制定的。本规范热量表是指测量和显示载热液体经热交换设备所吸收或释放热能量的热量表、冷量表及冷（热）量表。对用于供热计量的热量表、热能表，本规范中视为同等含义，热量表或热能表的概念在本规范中完全相同。许可考核必备条件适用于对热量表生产企业的制造计量器具许可证考核、有效期满后的复查以及日常监督检查，是对 JJF 1246—2010《制造计量器具许可考核通用规范》有关内容的补充。为此，本规范做到：

　　——符合国家有关法律、法规的规定；

　　——适用范围明确，在其界定的范围内，按需要力求完整；

　　——各项要求科学合理，并考虑实施的可行性和经济性。

本规范在制定过程中引用了下列文件：

JJG 225—2001《热能表》

GB/T 26831《社区能源计量抄收系统规范》

CJ 128—2007《热量表》

四、规范制定的工作概况

1. 起草组成员组成

《热量表制造计量器具许可考核必备条件》起草组由以下单位组成：

（1）主要起草单位：中国计量科学研究院、北京市计量检测科学研究院、天津市计量监督检测科学研究院。

（2）参加起草单位：河南省计量科学研究院、江苏迈拓智能仪表有限公司、威海市天罡仪表股份有限公司、唐山汇中仪表股份有限公司。

2. 制定工作进展情况

规范的主要制定工作按照预定计划执行并完成，具体制定过程如下：

（1）2012 年 6 月～8 月，总体情况调研。收集全国各热量表生产企业的生产设备信息基本情况，了解热量表有关配件生产企业的基本情况，掌握热量表生产企业发展和运行状况，分析热量表市场的安装和使用具体情况等。起草做成员起草规范草案，汇总后形成草稿。

（2）2012 年 8 月 20 日，起草组在天津召开首次会议，起草组对规范的草稿进行了讨论和修改，形成了规范的初稿。

（3）2012 年 9 月 10 日，起草组经讨论审议后形成了征求意见稿。

（4）2012 年 9 月 15 日，在中国计量协会热能表工作委员会网站公布《热量表制造计量器具许可考核必备条件》征求意见稿，面向全国公开征求意见。同时，起草组通过全国流量容量技术委员会向各个省级技术机构、通过中国计量协会热能表工作委员会向各会员单位及热量表生产企业发送电子邮件征求意见。

（5）2012 年 10 月 25 日，在济南召开了部分热量表外资企业的讨论会，就必备条件的条款进行讨论，并形成意见。

（6）2012 年 10 月 30 日，起草组根据征求的意见进行了修改，提交了第二版修改稿。

（7）2012 年 11 月 4 日，在重庆召开了规范征求意见讨论会。参加会议的包括计量技术机构代表 20 多人，热量表生产企业代表 100 多人，对《热量表制造计量器具许可考核必备条件》技术规范征求意见稿进行讨论。对与会代表提出的建议和意见，起草组进行了意见分析和讨论，进行了相应修改。

（8）2012 年 12 月 20 日，起草组提交了第三版修改稿，并在网站上继续进行意见征集。

（9）2013 年 3 月 5 日，起草组和中国计量协会热能表工作委员会在北京召开了《热量表制造计量器具许可考核必备条件》技术规范讨论会。全国 8 个省级技术机构和 16 家热量表或热量表配件生产企业，共 31 名代表参加了讨论会。针对《热量表制造计量器具许可考核必备条件》技术规范征求意见稿（第三版），结合实际工作和具体的应用情况及热量表的发展现状，提出了意见并进行了广泛深入的讨论。规范起草小组进行再次汇总，综合返回意见后，形成了报批稿。

（10）2013 年 3 月 25 日，全国流量容量技术委员会在广西北海召开了《热量表制造计量器具许可考核必备条件》国家计量技术规范审定会，经技术委员会与会委员和代表充分讨论审议通过了该技术规范，并提出了修改意见。

起草组按照审定委员会审定意见书提出的每条要求，仔细对照报审稿进行修改，最终形成了报批稿。

五、规范制定内容说明

本规范与国家质检总局 2008 年 7 月 31 日发布的《热能表制造计量器具许可证考核必备条件》（国质检量函 [2008] 556 号）版本相比，主要内容和技术变化如下：

（1）根据实际情况，为便于今后的统一管理，本规范采用热量表名称，并说明本规范中热量表、热能表为同等。对于冷量表、冷（热）量表的生产许可证考核归类于本许可证考核之内。

（2）本规范规定了热量表生产许可证考核的具体要求，包含生产设施、检验条件、技术人员、安全要求、厂房面积等内容，对于热量表生产企业的生产设备、工艺装备、检验装置、企业规模等给出了具体的要求和技术指标。

（3）本规范强化了对生产设施的考核，包括生产设备、工艺装备和磨具以及检测设备三个方面的考核。同时强调了对企业设计、制造和加工各方面能力的考核。

（4）增加了热量表生产企业的耐久性试验设备要求，以符合热量表生产标准要求。耐久性试验装置至少一台且与检验设备不为同一套装置。

（5）增加了通讯接口的检测工装要求，以考核热量表的通讯接口正常工作。

（6）热量表标准装置数量与企业生产规模应相适应，按照现有规模和生产台位模式，最低要求为 2 台装置。DN32 以上为 1 台。

（7）对于温度测量标准，取消了二等标准铂电阻的明确要求，按照不确定度的要求选用适用的标准器如数字温度计。

（8）增加了对于软件设计与应用的人员要求。

第二节　条 文 释 义

引言

　　为了规范热量表制造计量器具许可考核工作，保证考核工作的科学、客观、公平、公正和有效性，根据《制造、修理计量器具许可监督管理办法》和《计量器具新产品管理办法》等计量法律法规，制定本规范。

　　本规范是以 JJG 225《热能表》检定规程、CJ 128《热量表》行业标准为技术依据，结合了我国热量表行业的生产现状，对国质检量函 [2008] 556 号"热能表制造计量器具许可证考核必备条件"文件进行修订。本规范热量表是指测量和显示载热液体经热交换设备所吸收或释放热能量的热量表、冷量表及冷（热）量表。对用于供热计量的热量表、热能表，本规范中视为同等含义。本规范适用于对热量表生产企业制造计量器具许可考核、有效期满后的复查以及日常监督检查，是对 JJF 1246—2010《制造计量器具许可考核通用规范》有关内容的补充。为此，规范做到：

　　——符合国家有关法律、法规的规定；

　　——适用范围明确，在其界定的范围内，按需要力求完整；

　　——各项要求科学合理，并考虑实施的可行性和经济性。

　　《热量表制造计量器具许可考核必备条件》的历次版本发布情况为：

　　——2008 年 7 月 31 日国家质量监督检验检疫总局（国质检量函 [2008] 556 号）文发布《热能表制造计量器具许可证考核必备条件》。

【解释】说明了本规范的使用目的，制定依据。由于历史原因，现行检定规程 JJG 225—2001 和行业标准 CJ 128 使用名称不同，一定程度上给企业和用户带来了不便。本规范名称为《热量表（热能表）制造计量器具许可考核必备条件》，为便于描述并从今后使用与发展变化上考虑，规范中使用热量表作为名词，同时给出热能表、热量表在规范中为同等含义，以便于相关人员参考使用。

1　范围

本规范适用于对热量表生产企业的制造计量器具许可证考核、有效期满后的复查以及日常监督检查。

【解释】明确规定了本规范的应用范围和作用。

2　引用文件

本规范引用了下列文件：

JJG 225　热能表

GB/T 26831　社区能源计量抄收系统规范

CJ 128—2007　热量表

注：凡是注日期的引用文件，仅注日期的版本适用于本规范；凡是不注日期的引用文件，其最新版本（包括所有的修改单）适用于本规范。

【解释】引用的标准、规程、规范应采用现行有效的最新版本，对于标准日期的规范，应注意使用其更新或升级版本。

3　生产设施

3.1　总则

生产设施包括生产设备、工艺装备及检测设备三部分。

3.1.1　企业自己生产加工全部或部分关键零部件（流量传感器、配对温度传感器、计算器等）的应具备相应的生产设备，设备的种类、数量、准确度和性能应与生产能力和工艺相适应；设备应有台账、维护保养记录。

【解释】生产制造企业生产设施包括了生产设备、工艺装备及检测设备三部分。热量表的关键零部件为流量传感器、配对温度传感器和计算器。生产设备等要与生产的部件、生产工艺配套，有设备台账、维护保养记录。

3.1.2　关键零部件自行设计并外协加工的，经审核图纸对照实物确认后，可视作自己生产，但应具有：外协件要有供方调查表或评价报告，外协加工采购合同，供方的定期业绩评价等。内容应明确规定质量和技术要求，应有进厂检验制度和相关的检验设备；应保存进厂质量验收记录，记录数量应与生产、入库数量相符。

【解释】关键零部件（指热量表的流量传感器、配对温度传感器或计算器）外协加工的需查验核实加工单位相关的资质证明。

3.1.3　关键零部件自己加工的和外协加工的企业都必须具备相应的质量管理文件和各工序质量检测实施记录数据。

【解释】生产企业或外协加工单位应具备质量管理文件及有关检测记录，以备查验。

3.1.4 关键零部件（流量传感器、配对温度传感器、计算器）非自行设计，仅完全组装和做出厂检验的生产企业，视作不具备生产条件。

【解释】主要为避免家庭作坊式生产者、临时介入生产者等的投机式企业。一般热量表的使用寿命要求为5年，如小型作坊式企业生产销售后或短期生产、无长期计划，会导致售后服务和使用等问题，引起矛盾。关键部件都不能生产，且不能提供自行设计图纸或文件证明的，视作不具备生产条件。

3.1.5 热量表的关键零部件生产或外购情况应与其型式评价报告中"关键零部件一览表"一致，但需要提供所有部件的图纸。

【解释】计量器具通过了型式评价（定型鉴定）试验，其关键零部件应与其型式评价报告中"关键零部件明细表"一致，即与型式评价样机相同。

3.2 生产设备、工艺装备及检测设备
3.2.1 生产设备
关键零部件全部或部分自己生产加工的企业，应配备表1所列的相应设备。

表1　关键零部件及生产设备

序号	关键零部件名称	相关设备	设备用途	备　注
1	外壳（如计算器外壳等）	外壳加工设备	外壳的加工	如冲压、压铸机、注塑机；车、铣、磨、钻机床等；壳体拉伸、封壳、铆接等
2	流量传感器（含换能器）	流量传感器制作设备	流量传感器加工	如专用模具、机加工车床、热冲压机、数控加工中心、注塑机等
3	配对温度传感器	配对温度传感器加工设备	配对温度传感器加工、制造	如滚压设备、焊接设备、封装设备、电阻值检测和配对设备等
4	计算器	计算器印刷电路板、元器件焊接加工制作等设备	计算器电路板、元器件装配、焊接生产	如电路板加工设备、贴片机、回流焊机（焊接贴片器件）、波峰焊机（焊接插件器件）等

注：设备最少的数量要求应和生产数量匹配。

【解释】热量表关键零部件及生产设备按照表1配置。

3.2.2 工艺装备及检测设备
配备的主要工艺装备及检测设备见表2。

表2　主要工艺装备和检测设备

序号	名　称	用　途	备　注
1	外壳防护处理	保证外壳防护等级	如外壳保护层处理设备或密封处理设备
2	流量传感器的装配（超声、机械或其他原理的）	流量传感器装配	如热冲压（冷冲压）设备、焊接、机加工设备等
3	密封性检测	密封性检查	耐压装置
4	电路板测试工装	电路板测试	

续表

序号	名　称	用　途	备　注
5	流量模拟测试工装	流量模拟测试	如流量信号发生器
6	光电接口及通讯检测工装	检查热量表通讯接口	光电读头、读数装置（通讯测试设备）等
7	电阻测试设备	配对温度传感器电阻测量	如标准电阻箱、数字欧姆表或测温电桥等
8	流量传感器耐久性试验工装	流量传感器耐久性试验	耐久性试验装置
9	其他专用	部件外形尺寸检测	通用量具、其他专用工具

　　注：1. 至少有一条符合生产规模和装配工艺要求的生产流水线；
　　　　2. 耐久性试验台至少一台且与检验台不为同一套设备；
　　　　3. 工艺装备的数量要求应和生产数量匹配。

　　【解释】工艺装备简称"工装"，是为实现工艺规程所需的各种刀具、夹具、量具、模具、辅具、工位器具等的总称。使用工艺装备的目的：有的是制造产品所必不可少的；有的是为了保证加工的质量；有的是为了提高劳动生产率；有的是为了改善劳动条件。工艺装备按照其使用范围，可分为通用和专用两种：

　　（1）通用工艺装备适用于各种产品，如常用刀具、量具等，门类多，功能、用途广；

　　（2）专用工艺装备仅适用于某个产品、某个零部件、某道工序。

　　专用的工装一般由企业自己设计和制造，而通用的工装则由专业厂制造。其中：

　　光电接口及通讯检测工装，用于检查热量表的通讯接口。热量表通讯协议应按照有关标准进行编写，提供的检测工装可检查热量表是否具备通讯接口并通过接口实现读数等功能。

　　耐久性试验工装，用于进行热量表流量传感器的耐久性试验。耐久性试验的要求和试验方法应参照相应标准执行，装置应为专用耐久性试验台，检验台不能作为耐久试验台共用。

4　检验条件

4.1　出厂检验场所及环境条件

　　应有独立的检验场所，待检、已检合格和不合格区域划分清晰，计量性能检验环境条件应满足下列要求：

　　a）环境应清洁、整齐，布局合理，物流通畅，工位器具配备齐全；

　　b）使用面积：150m² 以上且满足产能要求；

　　c）环境温度一般为：(15～35)℃；

　　d）环境相对湿度一般为：(15～85)%；

　　e）外界磁场干扰应小到对热量表的影响可忽略不计。

　　【解释】出厂检验应具备的检验场所和环境要求。

4.2　检验人员

　　应配备能满足生产和出厂检验要求的检验人员，至少有4名经省级质量技术监督部门培训考核，并实际从事热量表检验的计量检验人员或相应资质的计量检定员。检验人员应具有相应的专业知识和实际操作经验，岗位职责明确，熟悉热量表产品标准和计量检定规程。

检验人员数量应与生产能力相适应。

【解释】检验人员要求经过培训并考核合格，熟悉检定规程要求的检定项目和操作要求，人员数量应与生产能力相适应。检验人员需经省级质量技术监督部门（或授权机构）培训考核合格并取得相应证书。

4.3　出厂检验设备

4.3.1　出厂检验设备：

热量表示值可采用总量法、分量法、分量组合法三种方法检验，需要配备的检验设备要求见表3。

表3　检验设备要求

设备名称	等级/扩展不确定度
热水流量标准装置	小于或等于热量表流量传感器最大允许误差绝对值的1/5
配对温度传感器检验设备	小于或等于热量表配对温度传感器最大允许误差绝对值的1/3
计算器检验设备	小于或等于热量表计算器最大允许误差绝对值的1/5
密封性试验装置（可以是热水流量标准本身或独立装置）	满足热量表最大允许工作压力要求的1.6倍，试验温度范围为（$T_{max}-10℃$）~T_{max}，压力表准确度等级不低于2.5级，（T_{max}为上限温度）

【解释】表3中要求的出厂检验设备为最低要求。按照热量表的构成，热水热量标准装置用于检验热量表的流量传感器，配对温度传感器检验设备用于检验热量表的配对温度传感器，计算器检验设备用于检验热量表的计算器。各装置可分别独立使用，也可作为热量表检定装置成套使用，能实现热量表的出厂检验即可。

4.3.2　用于示值误差检验的热量标准装置数量及说明见表4，检验设备应符合表5、表6和表7的要求。

表4　出厂检验设备

检验的参数	需要设备			备注
	名称	数量要求	技术要求	
流量量值	①热水流量标准装置	口径为DN15～DN25的热量表，装置数量应至少2台。口径为DN32以上的热量表，装置数量应为至少1台	串联台位应有单只检验能力，装置流量稳定性应满足表5的要求。装置应配备至少检验一台热量表压损的取压装置	
温度量值	②数字温度计或精密温度测量设备	2台（有两通道以上）或4台（只有单通道）	温度范围符合测量要求	

续表

检验的参数	需 要 设 备			
	名称	数量要求	技术要求	备注
温度量值	③ 恒温槽	4台或2台能提供至少两个不同温度恒温工作区域	技术指标应满足表6要求，同时应满足被检温度计和标准温度计温度范围和插入深度的要求	
	④ 电测仪表	2台（有两通道以上连接的仪表）或4台（只有单通道连接的仪表）	与二等标准铂电阻温度计配套使用	如果需要
	⑤ 二等标准铂电阻温度计	4支	二等	如果需要
热量计算	⑥ 标准电阻箱（也可采用电阻箱和电阻测试仪的组合或一组电阻对）	2台	电阻范围：0～1.58kΩ，使用范围内准确度等级不低于0.02级	如果需要
	⑦ 流量信号发生器	1台	1Hz～10kHz（对于超声波式、阻尼振荡式、干簧管式等流量信号，应使用与之相适应的流量信号模拟器）	如果需要
其他说明	1. 采用不同的检验方法时，所需要的设备可由相应的设备配套或组合而成。 2. 总量检验法由①②③组成，分量检验法由①②③⑥⑦组成。 3. 装置所使用的设备必须经检验合格，或校准后满足热量表的检验要求。 4. 表中所列为检验热量表所需要的典型设备，如功能和不确定度能够满足要求，也可以使用其他原理的标准器。 5. 热水流量标准装置检验热量表的装置介质运行温度是（50±5）℃，检验冷量表的装置介质运行温度是（15±5）℃			

【解释】热量表检验可采用总量检验法或分量检验法，不同检验方法所需设备由相应的检验设备组成。设备总体满足不确定度和量值传递溯源要求即可。检验热量表或冷量表，要注意装置需满足介质运行温度条件才可进行检验。

表5　热水流量标准装置的流量稳定性要求

	检验1级热量表	检验2级热量表	检验3级热量表
流量稳定性	≤0.8%	≤1.0%	≤1.0%

表6　恒温槽的技术要求

名称	温度范围 ℃	工作区域最大温差 ℃	温度波动度 ℃/15min
恒温槽	4～95	0.01	±0.01

若生产的热量表上限温度高于95℃，应使用或增加相应温度范围的恒温槽或其他满足使用条件的恒温源，其工作区域的最大温差、温度波动度等指标同表6的要求。

【解释】热量表检验装置根据检验热量表等级的不同,流量稳定性须满足相应的要求。恒温槽等恒温源温度范围、温度波动度、温场均匀性等技术指标应满足表6要求。

表7　热量表检验装置各测量值及计算器热量计算的不确定度要求

检验参数	扩展不确定度 (k=2)		
	检验 1 级热量表	检验 2 级热量表	检验 3 级热量表
流量测量	≤0.2%	≤0.4%	≤0.6%
温差测量 (热量应用)	≤0.035℃		
温差测量 (冷量应用)	≤0.023℃		
热量计算	≤0.3%		

【解释】热量表检验装置不确定度总体要求可参照 JJG 225 的技术指标,对于各分量应满足表7的要求,用于各分量检验。

4.3.3　出厂检验必须依据 CJ 128—2007《热量表》和 JJG 225—2001《热能表》检定规程或经备案的企业标准制定检验文件,检验项目必须覆盖 CJ 128—2007《热量表》行业标准、JJG 225《热能表》检定规程或企业标准的出厂检验内容。

【解释】明确出厂检验项目要求,为保证产品质量,生产企业应按照有关标准要求遵照执行。

4.3.4　检验装置的技术指标应与热量表的计量性能相适应,并能以有效的方式对热量表进行性能测试。检验装置应有合格证明或者校准证书。检验装置数量应与生产能力相适应并满足表4的规定。

【解释】热量表检验装置应符合技术指标要求并有合格证明。检验装置的覆盖范围和检验能力应与生产能力相适应。

5　技术人员

申请单位应根据生产规模配备相适应技术人员,并且有相应的专业知识和一定工作经验,能解决热量表的技术和质量问题。企业应具备大专以上学历的人数应至少达到总人数的10%,至少有1名熟悉软件设计和应用知识的技术人员。

【解释】对技术人员的要求是为了保障出厂检验和产品质量。

6　安全要求

根据国家《计量法》、《产品质量法》、《安全生产法》等法律法规规定,应满足有关产品安全、特种设备安全、职业健康安全等方面的要求。

生产现场应配备安全防火设施,保证安全通道畅通。

热量表的接管冲床、热量表密封性试验、耐久性试验等应有可靠的安全防护措施和管理制度。

【解释】生产现场应有必要的安全保障，各设备应有具体的安全防护措施，做到安全第一，预防为主。

7　其他要求

7.1　厂房面积

应有固定的生产场所。用于生产、检验、包装、储存、售后服务等功能的厂房总面积一般不少于500m²（不含办公区域），且各区域功能独立。

7.2　厂房所有权和使用权

厂房应具备产权证或土地使用权证等厂房所有权的合法证明；租赁厂房应提供产权单位的土地使用证复印件和与产权单位的租赁合同。

【解释】厂房条件应满足生产的基本要求，对厂房面积和使用权的要求应符合，避免临时取证。

附录 A

考核记录表

序号	考核内容		考核结果			考核说明
			具备	不具备	不适用	
一、生产设施						
1	生产设备	外壳				
		流量传感器				
		配对温度传感器				
		计算器				
		其他部件加工设备				
		外协加工　外协件要有供方调查表或评价报告				
		外协加工采购合同				
		外协单位资质证明，供方的定期业绩评价等				
		进厂检验制度				
		相关的进厂检验设备				
		进厂质量验收记录，记录数量应与生产、入库数量相符				
2	工艺装备及检测设备	外壳防护处理				
		流量传感器的装配				
		密封性检测				
		电路板测试工装				
		流量模拟测试工装				
		光电接口及通讯协议检测工装				
		电阻测试设备				
		流量传感器耐久性试验工装				
		其他专用				

续表

序号	考核内容		考核结果			考核说明
			具备	不具备	不适用	
二、检验条件						
3	环境条件	检验的场地应清洁、整齐、避免噪声				
		检验场所的使用面积				
		检验场所面积满足产能要求否				
		环境温度				
		相对湿度				
		监测设备和监控记录				
4	检验人员	检验人员数量				
		检验人员培训情况				
		理论和实际操作考核				
		检验资格				
5	检验依据	产品标准和计量检定规程				
		检验文件				
		检验项目覆盖产品标准和计量规程规定的内容				
6	测量设备	热水流量标准装置				
		配对温度传感器检测装置				
		计算器检测装置				
		密封性检测装置				
		压力损失检测装置				
		耐久性试验装置				
		最终产品抽查程序和配备的装置				
		其他				
三、技术人员						
7	技术负责人员	技术负责人员基本情况				
8	质量管理人员	设置质量管理人员基本情况				
四、安全要求						
9	有保证生产安全的制度和执行措施，生产现场的安全配备					
五、其他要求						
10	生产规模	年生产能力				

续表

序号	考核内容		考核结果			考核说明
			具备	不具备	不适用	
11	生产场地	厂房面积				

填表说明：在考核结果栏中，具备填"○"；不具备填"×"；不适用填"NA"。需要填写具体数字的直接填写。

【解释】考核结果填写说明：具备填"○"；不具备填"×"；不适用填"NA"。需要填写具体数字的直接填写。本表格作为热量表生产许可考核报告的补充。

第九章　热量表的选用、安装和维护

第一节　热量表的选型

一、基本原则

1. 标准

热量表应符合《热量表》标准（CJ128）的要求。

2. 准确度

户用热计量表应选择准确度 3 级以上的热量表；热源、楼栋和热力站及贸易结算用热计量表宜选择准确度 2 级以上的热量表。

3. 热量表型式

热源、楼栋和热力站用热计量表的流量传感器宜采用超声波式或电磁式。

4. 外壳防护等级

安装于室外可能被浸泡环境的热量表，外壳防护等级应符合 IP68 的规定，冷量表、冷热量表的外壳防护等级应符合 IP65 的规定。

二、规格

热量表规格的选择应依照设计流量进行，兼顾管道口径。热量表的常用流量可按照设计流量的80% 选择，使热量表工作在准确范围内。必要时，可以通过缩小管道口径选择热量表的规格。

三、流量量程比

热量表的流量量程比（常用流量与最小流量之比）在使用中非常重要，合理选择适用于所应用工况流量范围的热量表可以有效提高计量准确度。通常，热量表的流量传感器工作在小流量时，其流量测量误差会相应加大，所以应尽可能选择量程比大的热量表。

热量表的最小流量必须小于应用工况的最小流量，热量表的最大流量必须大于所应用工况的最大流量。

四、温度和温差

1. 温度

热量表温度传感器的最高测量温度必须高于应用工况的最高温度，且不应盲目追求超过过多。

热量表温度传感器的最小测量温度必须小于或等于应用工况的最低温度。

2. 温差

热量表的最大测量温差必须大于应用工况的最大温差，热量表的最小测量温差必须小于或等于应用工况的最小温差。

热量表可以测量的启动温差应为 0.2K，由于地板采暖通常温差比较小，这一点在户用型热量表应用于地板采暖时尤为重要。

第二节　热量表的安装

一、安装形式

热量表的安装形式分为水平安装、垂直安装及任意角度安装。机械式热量表对安装形式有特别要求，在安装时要特别注意热量表上标注的对安装形式的要求。热量表安装形式如图9－1所示。

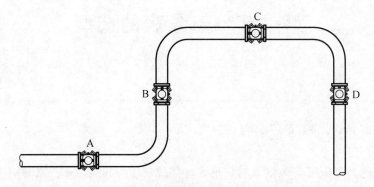

图9－1　热量表的安装形式

A—适合安装的位置；B—适于安装允许垂直安装的热量表；C—不适合安装的位置，此位置可能不满管或存气；
D—不适合安装的位置，此位置可能混入气体，特别是供暖初期，仪表运行不稳定

二、安装位置

热量表的安装位置可以是进水管道也可以是回水管道，安装时要特别注意热量表上标注的对安装位置的要求，禁止任意调换热量表规定的安装位置。可以现场设置安装位置的热量表，在确定安装位置后，一定要将计算器设置在相应的安装位置计算方式。

三、户用型热量表及配件安装要求

（1）热量表的安装形式应根据生产企业提供的产品使用说明书要求选择。

（2）热量表安装前应对管道进行清洗。

（3）供水管道必须安装过滤器，过滤器为Y型，60目/cm²以上。

（4）热量表的流量传感器前后应安装活接头及截止阀，以便于热量表在使用过程中拆下检修或更换。

（5）热量表计算器的安装位置及角度应便于观察、读数。

（6）配对温度传感器除固定安装于流量传感器上的一只，另外一只应采用测温球阀或测温三通安装。

（7）特别注意：带红色标签的温度传感器一定要安装在高温管路，带蓝色标签的温度传感器安装在低温管路。

（8）户用热量表及附件安装示意见图9－2。

四、楼栋型和工业型热量表的安装

1. 流量传感器的安装

（1）流量传感器的连接管道和直管段长度的要求

① 超声流量传感器

在流量传感器上、下游直管段范围内，管道内壁应清洁，无明显凹凸痕、锈蚀、结垢和起皮现象。

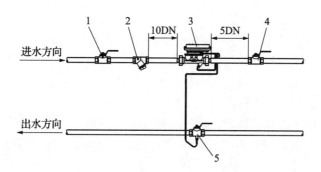

图 9 - 2　热量表安装示意图

1—截止阀或锁闭阀；2—过滤器；3—热量表；4—截止阀；5—测温阀或测温管箍

流量传感器的连接法兰部位应平滑，不得有影响流体状态的台阶及凸起，特别是法兰垫片，安装时一定要注意，垫片不得向连接处管内伸出。

测量管内径与流量传感器上、下游直管段内径的偏差应小于2%，且不大于3mm。

按照生产厂家使用说明书的要求确定流量传感器上、下游侧的直管段长度。如果使用说明书中没有规定，则流量传感器上、下游侧距离扰动部件的距离见表9-1。单声路超声流量传感器为上、下游最短直管段长度。

表 9 - 1　安装距扰动部件距离

90°弯头	10D以上　L>10D	L>5D
T 字形弯头	10D以上　L>50D 10D以上	L>10D
渐扩管	0.5D以上　L>30D 5D以上	L>5D
渐缩管	L>10D	L>5D
阀门	L>30D 流量调节阀在上游	L>10D 流量调节阀在下游
泵	L>50D	

② 电磁流量传感器

安装点上、下侧的管道内壁应清洁并无明显凹凸痕迹，无起皮现象。

流量传感器上、下游管道内径与流量传感器测量管内径的偏差应小于3%。

流量传感器的连接法兰部位应平滑，不得有影响流体状态的台阶及凸起，特别是法兰垫片，安装时一定要注意，垫片不得向连接处管内伸出。

按照生产厂家使用说明书的要求确定流量传感器上、下游侧的直管段长度。如果使用说明书中没有规定，则流量传感器上游侧距离扰动部件至少10倍公称通径（10DN），下游侧5DN。

（2）流量传感器及计算器安装环境要求

① 流量传感器的安装位置周围应具备可供维护、检修的空间。

② 流量传感器安装点的供水管道必须安装过滤器。

③ 流量传感器连接管道不能保证有效承重时，应对流量传感器进行可靠支撑。

④ 流量计的安装应尽量避开有强烈机械振动影响的位置，特别是要避开可能引起流量计信号处理单元、超声换能器、流量测量管等部件发生共振的环境。

⑤ 计算器安装前应检查内部时钟，日期及时间应进行校准，安装位置应能方便读数。

（3）流量传感器的前后应安装截止阀。在更换故障流量传感器时，应关闭阀门排空管路系统内的水。

2. 配对温度传感器的安装

（1）配对温度传感器的安装要求

① 温度传感器与流量传感器在同一条管道安装时，其安装位置应在流量传感器下游侧，与流量传感器之间的距离应大于要求的下游直管段的长度。

② 另外一只温度传感器的安装点应避开管路的高位，避免管道内因不满管影响测量准确度。在条件具备时，尽量选择距离流量传感器或计算器最近的位置，使连接线最短同时便于布线。

③ 在有分支的管路安装温度传感器时安装点必须远离管路汇集点，距离汇集点的尺寸应按照生产厂家使用说明书的要求。如果使用说明书中没有规定，则温度传感器上游侧距离汇集点至少10倍公称通径（10DN），下游侧5DN。

④ 温度传感器安装完毕应进行可靠封印。

（2）温度传感器安装示意图

① DN15、DN20、DN25 口径管道选用 DS 温度传感器

见图 9-3。

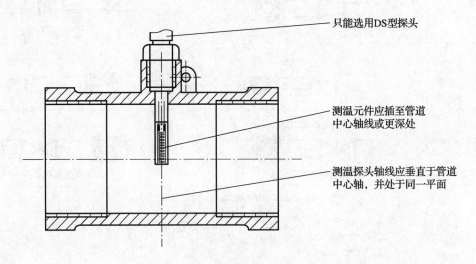

图9-3　DS型温度传感器安装示意图

② 在弯头上安装，DN≤50

见图9-4。

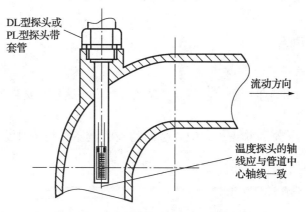

图9-4 弯头处温度传感器安装示意图

③ 斜向流动方向安装，DN≤50

见图9-5。

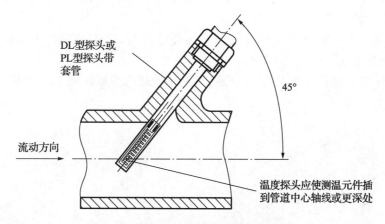

图9-5 斜向流动温度传感器安装示意图

④ 垂直于管道安装

见图9-6。

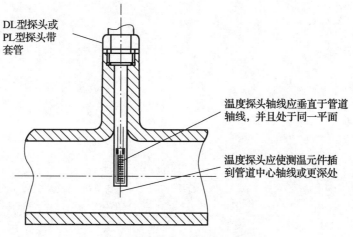

图9-6 垂直温度传感器安装示意图

第三节　热量表的使用维护

一、建立健全管理制度

1. 建立热量表档案

热量表档案应包括：热量表生产企业名称，产品型号，产品编号，安装地点，维修更换记录等。

2. 建立热量表维护制度

维护制度应包括：设置专职维护人员，配置必要的检测设备，制定过滤器清洗周期，显示数据分析，规定检验检定周期等。

二、使用维护

（1）定期监测热量表的运行数据并进行整理、分析，做到发现问题及时处理。

（2）定期巡查热量表安装现场，包括供热系统管路及相关设备的变化，及时发现可能引起热量表运行异常的因素和隐患，并及时处理。

（3）供暖初期系统冷运行时，应特别注意热量表的热量值的变化，发现问题应及时对热量表进行相关检测，避免产生计量纠纷。

（4）供暖开始前，应对生产厂家承诺的电池寿命即将到期的热量表电池电量指示进行查看，电池电量不足的应及时更换电池。

（5）按照相关标准、规程及使用单位制定的周期检定（抽检）规定，严格进行周期检定（抽检）。

参 考 文 献

［1］国家技术监督局计量司. 1990 国际温标宣贯手册［M］. 北京：中国计量出版社，1990

［2］王池等. 流量测量技术全书［M］. 北京：化学工业出版社，2012

［3］王池. 流量测量不确定度分析［M］. 北京：中国计量出版社，2002

［4］沈正宇. 温度测量不确定度评定［M］. 北京：中国计量出版社，2006

［5］纪建英等. 热量表［M］. 北京：中国计量出版社，2013

［6］Joachim Wien. 德国供热计量手册［M］. 北京：中国建筑工业出版社，2009

［7］朱家良. 工业铂、铜热电阻［M］. 北京：中国计量出版社，2011

致　谢

　　本书编写过程中得到了中国计量协会热能表工作委员会的大力支持，在此对参与编写的各位专家和编写人员表示衷心的感谢！

　　本书在出版过程中，得到了威海市天罡仪表有限公司、久茂自动化大连有限公司、泉州七洋电子科技有限公司、江苏迈拓智能仪表有限公司、合肥瑞纳表计有限公司、大连博控科技股份有限公司、广州柏诚智能科技有限公司的大力支持，在此一并致谢！

编　者

2015 年 3 月